# BIOGEOGRAFIA

## MARIANA ANDREOTTI DIAS

Freitas Bastos

Copyright © 2025 by Mariana Andreotti Dias.

Todos os direitos reservados e protegidos pela Lei nº 9.610, de 19.2.1998.
É proibida a reprodução total ou parcial, por quaisquer meios, bem como a produção de apostilas, sem autorização prévia, por escrito, da Editora.
Direitos exclusivos da edição e distribuição em língua portuguesa:
**Maria Augusta Delgado Livraria, Distribuidora e Editora**

**Direção Editorial:** Isaac D. Abulafia
**Gerência Editorial:** Marisol Soto
**Copidesque:** Lara Alves dos Santos Ferreira de Souza
**Revisão:** Enrico Miranda
**Diagramação e Capa:** Pollyana Oliveira

**Dados Internacionais de Catalogação na Publicação (CIP) de acordo com ISBD**

| | |
|---|---|
| D541b | Dias, Mariana Andreotti |
| | Biogeografia / Mariana Andreotti Dias. - Rio de Janeiro, RJ : Freitas Bastos, 2025. |
| | 136 p. : 15,5cm x 23cm. |
| | ISBN: 978-65-5675-499-4 |
| | 1. Geografia. 2. Biogeografia. I. Título. |
| 2025-785 | CDD 910<br>CDU 91 |

Elaborado por Vagner Rodolfo da Silva - CRB-8/9410

Índice para catálogo sistemático:
1. Geografia 910
2. Geografia 91

**Freitas Bastos Editora**
atendimento@freitasbastos.com
www.freitasbastos.com

**MARIANA ANDREOTTI DIAS**

Pós-doutora em Demografia (UFRN).
Doutora em Geografia (UFPR).
Mestra em Geografia (UFPR).
Licenciada e bacharelada em Geografia (UFPR).
Gestora escolar (USP).

# SUMÁRIO

LISTA DE FIGURAS ......................................................................... 7

## 1

### Conceitos e Fundamentos da Biogeografia ..................................9

1.1 Introdução aos princípios básicos da Biogeografia ................................10
1.2 A Biogeografia e sua categoria de análise ...............................................11
1.3 Introdução ao percurso histórico da Biogeografia ................................14
1.4 Bases conceituais da Biogeografia ...........................................................19
1.5 Teorias e métodos em Biogeografia histórica ........................................21
1.6 Teorias e métodos em Biogeografia ecológica ......................................25
1.7 As distribuições conhecidas dos organismos .........................................28

## 2

### Biogeografia Histórica, Biogeografia Ecológica e Biogeografia Sociocultural ................................................................ 34

2.1 Biogeografia Histórica: as grandes escalas do quando, onde e
por que nos estudos da atualidade ...............................................................35
2.2 Biogeografia Ecológica: as pequenas e médias escalas do quando,
onde e por que nos estudos da atualidade .................................................41
2.3 Biogeografia Sociocultural: quando, onde e por que das interações
antrópicas nos estudos da atualidade .........................................................47

## 3

### Fitogeografia e Zoogeografia do Brasil ....................................... 57

3.1 Fitogeografia: análise da distribuição, escalas e diversidade
das regiões brasileiras .....................................................................................57
3.2 Distribuição, escalas e diversidade fitogeográfica ................................62

3.3 Zoogeografia: investigação da distribuição, da migração, do
endemismo e da adaptação das regiões brasileiras.............................70
3.4 Distribuição, escalas e diversidade zoogeográfica..........................72

# 4

## Geoecologia das Paisagens...............................................79

4.1 Interações ecológicas da Geoecologia: o pensamento sistêmico
dos ecossistemas e geossistemas..........................................................80
4.2 Fundamentos da Geoecologia da Paisagem....................................86
4.3 A Geoecologia da Paisagem para o planejamento e a gestão
ecorregional – unidades de paisagem, técnicas e instrumentos.............91

# 5

## Biogeografia: impactos socioambientais e estratégias........98

5.1 Impactos socioambientais e crise climática: discussões
na Biogeografia.....................................................................................99
5.2 Conservação da Biodiversidade Sociocultural e as
legislações ambientais........................................................................105
5.3 Educação Ambiental e Biogeografia.............................................118

## REFERÊNCIAS BIBLIOGRÁFICAS...........................................124

# LISTA DE FIGURAS

Figura 1.1 – Distribuição geográfica das plantas de acordo com as zonas climáticas

Figura 1.2 – Estrutura conceitual da Biogeografia

Figura 1.3 – Biogeografia Histórica

Figura 1.4 – Biogeografia Ecológica

Figura 1.5 – Primeiro "mapa biogeográfico"

Figura 1.6 – Repartição do mundo em seis grandes regiões zoogeográficas

Figura 1.7 – Seis regiões biogeográficas

Figura 1.8 – Mapa dos reinos zoogeográficos terrestres/domínios e regiões do mundo

Figura 1.9 – Ecorregiões de água doce no mundo

Figura 2.1 – Cladogramas

Figura 2.2 – Exemplo de percurso para cladograma

Figura 2.3 – Agrupamento por similaridade em áreas distintas

Figura 2.4 – Mapa das alturas medidas das coroas dentárias das linhagens *hipparion* por meio das zonas biocronológicas

Figura 2.5 – Riqueza de espécies com base em registros de localização de queimadas (vermelho) e não queimadas (azul) com >50% das populações ou áreas queimadas agregadas

Figura 2.6 – Domínio espacial e espaço climático para partes da Califórnia e de Nevada

Figura 2.7 – Modelagem da distribuição potencial de manguezais em três períodos

Figura 2.8 – Evolução de mosaicos, exemplos de fragmentação e perda

Figura 2.9 – Modelo de sistemas agroflorestais

Figura 2.10 – Oferta e uso de práticas integrativas complementares em municípios do Brasil

Figura 2.11 – Mapa com identificação de tipos da caatinga em período colonial

Figura 2.12 – Organização e produção da horta na escola

Figura 3.1 – Descrições de espécies encontradas no Brasil

Figura 3.2 – Ramificações da Fitogeografia

Figura 3.3 – Mapa fitogeográfico regional

Figura 3.4 – Biomas brasileiros do IBGE

Figura 3.5 – Mapa dos domínios morfoclimáticos

Figura 3.6 – NDVI por imagem de satélite e bandas

Figura 3.7 – Reinos zoogeográficos do planeta

Figura 3.8 – Relações espaciais entre as províncias zoogeográficas e os domínios de Ab'Saber

Figura 4.1 – Ecossistema

Figura 4.2 – Geossistema

Figura 4.3 – Ecorregiões e biomas do Brasil e da América do Sul

Figura 4.4 – Exemplo de mapeamento de unidades de paisagem

Figura 4.5 – Modelo sistêmico para a análise da paisagem

Figura 4.6 – Modelo digital de elevação para identificação de transectos para caracterização do relevo dos domínios morfoclimáticos da caatinga e da mata atlântica

Figura 4.7 – Classificação da paisagem com índice de hemerobia

Figura 4.8 – (a) Mapa de unidades morfométricas com a área de alta variabilidade; (b) Mapa da geologia para o Bioma Pantanal extraído de IBGE (2011); e (c) Mapa das unidades de paisagem para o Bioma Pantanal

Figura 5.1 – Os 17 países megadiversos do mundo

Figura 5.2 – Técnica de desenhos em campo

Figura 5.3 – Técnica de ficha de campo

# 1

# Conceitos e Fundamentos da Biogeografia

A BIOGEOGRAFIA É TIDA COMO a área do conhecimento, e ciência, que se preocupa em identificar e compreender a distribuição dos seres vivos nos diversos ambientes naturais e antropizados do planeta Terra.

Seu desenvolvimento é marcado por uma verdadeira intermultitransdisciplinaridade de áreas do conhecimento e ciências específicas, como a Biologia e a Geografia. Entretanto, apesar desse caráter holístico/integrador, ela é também tida como uma "ciência síntese", por conseguir ao longo do tempo consolidar e reunir técnicas e teorias, já amplamente utilizadas em outros ramos, que historicamente aplicaram tais procedimentos em estudos fragmentados e verticalizados.

Tal característica "integralizadora" coloca a Biogeografia como conhecimento teórico e metodológico de suma importância para as atualidades dos eventos e das crises socioambientais, de fatores e elementos indissociáveis, intensos e complexos do século XXI.

Dessa forma, muito mais do que nos debruçarmos para as especificidades técnicas da Biogeografia, temos o intuito de promover sua divulgação como campo epistemológico e científico que contribui, investiga e ampara as temáticas da biodiversidade e sua proteção e qualidade de vida para os seres vivos, humanos ou não.

Para isso, neste primeiro capítulo iremos introduzir os princípios e fundamentos da Biogeografia como forma de compreender quais foram seus percursos históricos, suas formulações teóricas e seus avanços técnicos que permitiram a consolidação da ciência que é desenvolvida hoje.

Em seguida, focaremos as elucidações no objeto de estudo da Biogeografia, a distribuição, a identificação e o reconhecimento dos organismos bióticos e abióticos no espaço geográfico e nas paisagens do mundo.

## 1.1 Introdução aos princípios básicos da Biogeografia

Qual a definição de Biogeografia? Para os desavisados, a primeira resposta seria: "A junção dos conhecimentos da Biologia com a Geografia", em geral, essa perspectiva não está equivocada, entretanto, a Biogeografia é uma área de conhecimento complexa, por fazer uso de técnicas e teorias de outras áreas do conhecimento, como a própria Biologia e suas subáreas (Botânica, Evolução, Zoologia etc.), a Geografia e suas ramificações (Geomorfologia, Pedologia, Climatologia, Hidrologia etc.), a Química, a Física, a Ecologia, a Antropologia, entre tantas outras.

Essa complexidade que a Biogeografia apresenta faz dela uma área de conhecimento de extrema importância para a leitura dos eventos do passado, do presente e do futuro, principalmente do futuro próximo da humanidade, incerto de grandes e intensos impactos socioambientais.

A conceituação clássica de Biogeografia é: o estudo da origem, distribuição, associação e adaptação dos seres vivos sobre o planeta Terra, no passado e no presente, mas também com projeções para o futuro (Pereira e Almeida, 1996). Também, "a ciência que estuda a distribuição geográfica dos seres vivos no espaço através do tempo [...] para entender os padrões de organização espacial dos organismos e os processos que resultaram em tais padrões" (Gillung, 2011, p. 2). Ou ainda, "estudo científico da distribuição geográfica dos organismos, incluindo os fatores históricos e evolutivos que a produziram, e os hábitats" (Galo, Figueiredo e Absolon, 2021, p. 298 e 299).

Para materializar esses significados/conceitos há de se compreender quais são as principais indagações e investigações do campo de estudos em Biogeografia, veja alguns exemplos:

1. Por que determinado mamífero tem seu *habitat* em determinado lugar e não em outro? Exemplo: caso dos ursos polares, que somente residem nos polos do planeta; ou ainda, as onças-pintadas, que podem ser encontradas em florestas tropicais, mas também em áreas pantanosas.

2. Por que tal espécie vegetal é encontrada em um *habitat x,* mas também pode ser encontrada em *habitat y,* há milhares de quilômetros de distância? Exemplo: caso do domínio de taigas localizados na porção extrema norte do mundo; ou das florestas tropicais que estão na América do Sul, na África Central e também no Sudeste Asiático.

3. Qual a explicação para seres vivos "aparentados" conseguirem se distribuir, evoluir e se adaptar às intempéries dos climas dos diferentes *habitats*? Exemplo: orangotangos, gorilas e bonobos que compartilham ancestrais comuns com os seres humanos; ou os camelos e dromedários, que são evoluídos das lhamas, pertencem à mesma família de camelídeos, mas estão em lugares totalmente distantes no planeta.

Com tais questões e exemplos, percebe-se que as principais indagações da Biogeografia contemplam a busca por compreender a diversidade dos seres vivos e a ocorrência, a permanência e o trânsito desses no espaço geográfico, que também é diverso, promotor de vida, e/ou de morte.

## 1.2 A Biogeografia e sua categoria de análise

Nelson e Platnick (1981) colocam que a Biogeografia é um conhecimento abrangente e multidisciplinar e, por isso mesmo, talvez seja a área mais ampla dentre as ciências biológicas. Isso se deve, justamente, pela concepção holística e sistêmica que fundamenta a reflexão e a prática dessa área do conhecimento, já que, para se fazer Biogeografia, essencialmente, há de se compreender fatores biológicos, geográficos, históricos e, na atualidade dos problemas globais, também os fatores sociais e econômicos.

A categoria "paisagem" tem sido utilizada como recorte teórico e metodológico da Biogeografia para as diversas análises. Dentro da ciência geográfica, é compreendida como um recorte que permite identificar aspectos de uma paisagem natural ou de uma paisagem antropizada, revelando processos e fenômenos espaço-temporais.

A questão primordial para a atualidade da Biogeografia está em analisar essas paisagens de forma intercambiada, ou seja, apesar de ocorrerem fragmentações entre natural e não natural, as paisagens de hoje são intrínsecas e reveladoras de processos complexos que exigem leituras mais adequadas para que sejam compreendidos e tratados. A Biogeografia tem a *expertise* de dialogar com diversas áreas do conhecimento, e, por isso, emprega termos/conceitos variados em suas análises. Ver glossário a seguir:

– Aclimatação: adaptação das populações e/ou os organismos às intempéries climáticas.

– Adaptação: acomodação de um órgão ou organismo a condição adversas (clima, biótopo, obtenção de alimento, inimigos etc.).

– Alóctone: também chamado de introduzido, são as populações e/ou os organismos que não são originários da área geográfica em que foram encontrados.

– Alopatria: ocorrência de populações e/ou organismos comuns em áreas geográficas descontínuas e exclusivas.

– Amplitude ecológica: faixa de tolerância de uma espécie às condições do ambiente (temperatura, salinidade, umidade, pressão barométrica altitudinal).

– Associação: grupo de populações vivendo em um determinado espaço, e onde ocorrem inter-relações e/ou relações funcionais definidas.

– Autóctone: também chamado de nativos e endêmicos, são as populações e/ou os organismos originários da área geográfica em que foram encontrados.

– Biótipo: organismo com idêntica constituição genética que pode reproduzir-se entre si.

– Comungar: compartilhar.

– Dominância: expressa a influência de cada espécie na comunidade, por meio de sua biomassa.

– Ecossistemas: conjunto dos seres vivos incluindo seus ambientes físicos e químicos.

– Ecótipo: grupo de animais ou vegetais relativamente isolado e adaptado a ambientes especiais.

– Endemismo: isolamento de uma ou muitas espécies em um espaço terrestre, após uma evolução genética diferente daquelas ocorridas em outras regiões, formando populações restritas a determinados lugares.

– Espécie: conjunto de indivíduos reprodutivamente isolados, populações que, em razão de seu isolamento geográfico ou biológico, reagem aos processos genéticos e às influências ambientais de modo a torná-los geneticamente incompatíveis com outras populações com as quais tenham contato (Figueiró, 2015, p. 78).

– Espécime: exemplar, indivíduo.

– Paleoclimatologia: estudo dos climas do passado.

– Paleontólogo(a): profissional que estuda a vida no passado.

– Parapatria: ocorrência de populações e/ou organismos pelo contato geográfico em áreas descontínuas.

– Refúgios: áreas geográficas que possibilitaram a sobrevivência de populações e/ou organismos que se extinguiram em outras áreas.

– Relictual: persistência de populações e/ou organismos em áreas que também foram ocupadas no passado mas que a maior parte foram extintas anteriormente.

– Simpatria: ocorrência de populações e/ou organismos em uma mesma área geográfica.

– Sucessão natural: sequência de adaptações que sofrem comunidades animais e vegetais, ao alterarem-se as condições do ambiente.

– Tafonomia: estudo das fases percorridas por um ser vivo após a morte até a fossilização.

– Taxonomia: ciência que descreve, identifica e classifica os seres vivos em grupos ou individualmente.

– Tempo geológico: organização antropocêntrica da idade da Terra, levando em consideração os principais eventos geológicos e paleontológicos contidos nas rochas.

– Vicariância: ocorrência geográfica descontínua do mesmo táxon, ou de táxons relacionados.

Tais terminologias auxiliam na padronização de eventos, fenômenos e processos e permitem que a investigação do objeto de estudo da Biogeografia – as paisagens e seus seres vivos – aconteça de forma mais objetiva ao indicarem caminhos metodológicos possíveis para a prática de campo, de laboratório, de gabinete. A maioria delas advém das ciências biológicas e, por isso, são, por vezes, específicas em suas nomenclaturas.

## 1.3 Introdução ao percurso histórico da Biogeografia

Para vencer questionamentos e compreender semelhanças, diferenças e padrões, os métodos e as técnicas da Biogeografia foram sendo aprimorados e acumulados ao longo do tempo, principalmente desde seu estabelecimento enquanto disciplina científica, no século XX.

Entretanto, mesmo sem a denominação científica – já que essa carece de base epistemológica e métodos sistematizados –, a Biogeografia já era praticada por estudiosos desde o século V, com as primeiras observações acerca da distribuição de plantas e animais em diferentes regiões que foram documentadas em escritos filosóficos da Grécia Antiga por Aristóteles e Heródoto.

De forma a organizar essa história, Gillung (2011) sistematiza a evolução do conhecimento da Biogeografia em dois grandes momentos:

a) O *período pré-evolutivo* – crença no "fixismo das espécies, constância, centro de origem e dispersão e na estabilidade da Terra" (Gillung, 2011, p. 1).

b) O *período evolutivo* – incorpora as ideias de mudança da biota em razão da evolução das espécies, e da própria Terra às explicações biogeográficas que resultaram no paradigma vicariante (Gillung, 2011, p. 4).

Bueno-Hernández *et al.* (2023) fazem uma leitura bastante adequada sobre a história da Biogeografia ao reconhecerem que ela só fora notada, mesmo ainda não tendo a estirpe de ciência, quando da ocorrência de eventos científicos que quebraram os padrões até então estabelecidos, caso das grandes descobertas do século XVIII, em síntese:

– O naturalista e sueco Linnaeus, que identificou e registrou o lócus de alguns seres vivos.

– O francês Buffon, que percebeu diferentes agrupamentos de seres vivos em diferentes locais.

– O alemão Humboldt identificou que a distribuição de seres vivos era influenciada pelos fatores do clima.

– O britânico Charles Darwin e sua obra *Evolução das Espécies*, que trouxe a ideia de seleção natural e sobrevivência pela capacidade de adaptação e força, chegando à quebra de paradigma com o início do período evolutivo da Biogeografia.

Mais detalhadamente, vamos conhecer os personagens do período anterior a Charles Darwin, período pré-evolutivo.

Um grande avanço para a Biogeografia acontece no século XVIII com as ideias de Carl Linnaeus (1707-1778), que muito influenciado por suas crenças religiosas e indicou que as espécies eram fixas, e, sendo assim, tinham um centro de origem em comum, criado por um Deus que lá as colocou, solidificando a teoria do fixismo das espécies. As espécies, acreditava ele, conseguiam se dispersar por condições também divinas, mas tinham uma origem fixa, determinada pelo divino.

Entretanto, Eberhard Zimmermann (1743-1815), zoologista geográfico, coloca em xeque a perspectiva de Linnaeus, indicando que não haveria a possibilidade de existir um único centro de origem. Caso assim fosse, espécies antagônicas, como carnívoras e herbívoras, seriam inviáveis, e um grande desastre ecológico colocaria fim à vida. Ao contrário, propôs que Deus criou áreas específicas para cada espécie, e elas forneceriam um equilíbrio perfeito.

Já Karl Ludwig Willdenow (1765-1812), grande estudioso das áreas de distribuição de plantas, desacreditava das ideias de Linnaeus, mas compreendia que havia centros de origens nos topos de ilhas, separadas por grandes porções de água continentais. A determinação das áreas de distribuição de plantas estaria ligada a montanhas originais (Figueiró, 2015; Galo *et al.*, 2021).

Galo *et al.* (2021) indicam os postulados de outro estudioso da época, também contrário às ideias de Linnaeus: era Georges Louis Leclerc de Buffon (1707-1788), o Conde de Buffon. Ele acreditava que as espécies originavam-se espontaneamente na natureza, independentemente do grau de complexidade que apresentassem, levando em consideração que as condições ecológicas dos locais podiam ser as mesmas, mas os táxons poderiam ser diferentes. Buffon foi de grande importância para as teorias biogeográficas, iniciando as ideias sobre especiação geográfica e endemismo, assim como por seus estudos sobre a dispersão de espécies de acordo com as condições climáticas.

Outro pesquisador que faz parte da história da Biogeografia e de seu percurso como ciência é Alexander Von Humboldt (1769-1859), geógrafo alemão que analisou a distribuição geográfica das plantas (Figura 1.1), considerando os paralelos dispostos de forma altitudinal e latitudinal, indicando que as espécies irão se distribuir e prevalecer conforme as zonas climáticas permitirem e sustentarem.

Figura 1.1 – Distribuição geográfica das plantas de acordo com as zonas climáticas

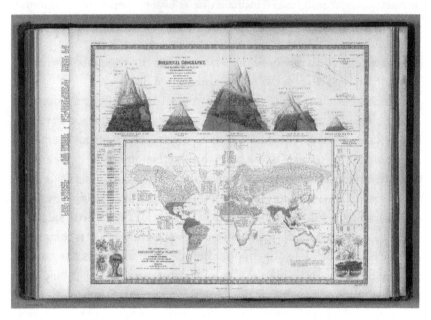

Fonte: Humboldt (1817), disponível em Galo *et al.* (2021).

Outro grande avanço teórico e metodológico aconteceu com o apoio do botânico suíço Augustin Pyrame De Candolle (1778-1841), considerado um dos pioneiros mais ativos da biogeografia do século XIX. Ele analisou a permanência de espécies nos locais de ocorrência, tendo como grande diferencial a consideração sobre aspectos históricos dos locais, preconizando a vertente histórica da Biogeografia e fortalecendo o tectonismo de placas. Seu estudo ilustra as províncias fitogeográficas de acordo com o grau de endemismo de diferentes grupos vegetais (Galo *et al.*, 2021).

De Candolle tornou a Biogeografia moderna ao rever os padrões espaciais da vida com base em uma perspectiva secular, assim como tomou a taxonomia lineana como ponto de partida, como eixo para padronizar o conhecimento da flora em todo o globo; e ainda considerou, com base em biogeógrafos percursores, como o conde de Buffon, que as condições físicas do ambiente não definiam a distribuição das espécies (Bueno--Hernández *et al.*, 2023).

Ademais, outros cientistas e exploradores estavam submersos em teorias e procedimentos que tentassem corroborar as ideias de Linnaeus, Buffon e De Candolle, mas, segundo Galo *et al.* (2021), a perspectiva biogeográfica predominante até o século XX era de que a ocorrência e distribuição dos seres se dava por serem componentes dinâmicos da paisagem, considerando que o espaço geográfico é estático e permanente.

Todas essas discussões acabaram por auxiliar no desenvolvimento da ciência biogeográfica, tendo como grande diferencial a junção de *expertises* diversas, com áreas do conhecimento bastante singulares, que até então, séculos XVIII e XIX, eram desarticuladas. Assim, veremos que geólogos, caso de Charles Lyell (1797-1875) ou James Dwight Dana (1813-1895), fizeram uso dos conhecimentos preconizados para o desenvolvimento de suas próprias teorias, consolidando campos e conceitos importantes, como a Zoogeografia Marinha, o "espaço absoluto" – os componentes são dinâmicos na paisagem e o espaço é estático –, "uniformitarismo" – ideia de que os eventos de agora também são eventos do passado, com a mesma intensidade –, entre outros.

Para o Brasil, a Biogeografia aportou-se desses conhecimentos advindos sobretudo da Europa, seguindo o percurso formativo da maioria das nossas ciências modernas. Sendo assim, as teorias foram colocadas à prova segundo o contexto espaço-territorial dos trópicos – grande interesse dos europeus – destacando a figura do médico e professor brasileiro Emílio Joaquim da Silva Maia (1808-1859).

Galo *et al.* (2021) indicam que o brasileiro concordava com Humboldt sobre as diferenças acerca das quantidades de espécies localizadas nos polos e trópicos, sendo que elas aumentariam dos polos em direção aos trópicos. Assim como discordava de Buffon, ao não enxergar os trópicos como áreas de degeneração de espécie, mas, ao contrário, seriam áreas com elevado grau de complexidade, o que elevaria os padrões.

A partir de Charles Robert Darwin (1809-1882) e sua obra *A Origem das Espécies*, os estudos em Biogeografia se tornam mais robustos. Com destaque também para Alfred Russel Wallace (1823-1913) que, em 1876, oferta estudo sobre a distribuição geográfica de vários animais, principalmente vertebrados terrestres. Bueno-Hernández *et al.* (2023) contam que Wallace explicou as semelhanças bióticas entre as áreas por meio de hipotéticas pontes terrestres e afirmou que a ideia de uma dispersão acidental tinha sido subvalorizada.

A Biogeografia passa a ser considerada de caráter histórico e dispersionista, baseando-se na ideia dos centros de origens e dispersão saltitatória (evento particular, aleatório) que veremos em seguida.

Ademais, Léon Camille Marius Croizat (1894-1982) estudou alternativas para a ideia dispersionista por meio da ideia de vicariância – processo que ocorre quando uma espécie se divide em duas ou mais populações geograficamente isoladas devido a eventos como mudanças geológicas ou climáticas. O botânico acreditava que, com a vicariância, as barreiras possuíam a mesma idade que os grupos de organismos separados por ela, sendo possível testá-las; em contraponto, a teoria dispersionista não permitiria que as barreiras fossem testadas. Atualmente, os pressupostos dispersionistas de Croizat que são considerados referem-se à expansão dos táxons permitida e motivada pela eliminação das barreiras, processo chamado de geodispersão.

A teoria do dispersionismo – organismos conseguiram se distribuir por vastas áreas geográficas ao longo do tempo geológico por meio de diferentes barreiras geográficas, como oceanos, montanhas e desertos –, apesar de ser bem aceita pelos biogeográficos evolucionistas, foi sendo refinada com o passar do tempo, e incorporada também nos estudos da Biogeografia Ecológica.

Outro ponto de extrema importância é a aceitação da teoria da tectônica de placas, com destaque para Antonio Snider-Pellegrini (1802-1885) que, por meio de evidências paleontológicas e geológicas, observou a semelhança entre floras antigas, cerca de 300 milhões de anos, localizadas nos Estados Unidos e na Europa. Suas ideias seriam novamente discutidas somente no século XX por Frank Bursay Taylor (1860-1938) e Alfred Wegener (1880-1930).

Com esse breve histórico é possível compreender que todos os cientistas naturalistas possuíam em comum a leitura diagnóstica acerca da ocorrência e vida dos seres vivos junto aos seus *habitats*, junto ao meio físico, em complexa e dinâmica interação. Tais posicionamentos e investigações sustentam a ciência biogeográfica, que solidificou suas bases e métodos, detalhados a seguir.

## 1.4 Bases conceituais da Biogeografia

De posse de toda a história da Biogeografia, com os períodos e as teorias que a fomentam, é possível determinar uma estrutura conceitual, ou seja, a busca pela compreensão dos padrões de distribuição dos seres vivos – alvo dos estudos biogeográficos – é fundamentada em três pilares: tempo (eventos históricos, antigos ou atuais, que influenciaram/influenciam os padrões), espaço (área geográfica em que ocorreu/ocorre a distribuição dos seres vivos) e forma (grupos/espécies de seres vivos).

Em síntese, os estudiosos inauguraram ao longo do tempo a epistemologia da Biogeografia que se divide em:

a) período pré-evolutivo – crença no fixismo, e conhecido e delimitado como anterior a Charles Darwin;

b) período evolutivo – perspectivas holística e ecológica da Biogeografia que se fartam de Darwin, Wallace e Croizat.

As estruturas conceituais (Figuras 1.2, 1.3 e 1.4) a seguir nos ajudam a vislumbrar os limites e métodos da Biogeografia.

Figura 1.2 – Estrutura conceitual da Biogeografia

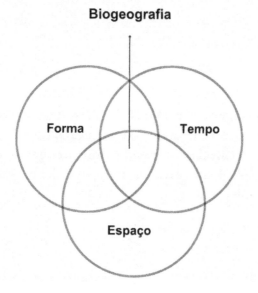

Fonte: A autora (2023).

Para análises que considerem o interlace entre os três pilares existem escolas específicas dentro da Biogeografia que se dividem para estudos mais verticalizados, caso da **Biogeografia Histórica**, que faz a leitura dos eventos do passado, considerando grandes porções territoriais e temporalidades amplas, como as Eras Geológicas, tendo como produto a forma (grupos e espécies) como evoluíram e se adaptaram.

Figura 1.3 – Biogeografia Histórica

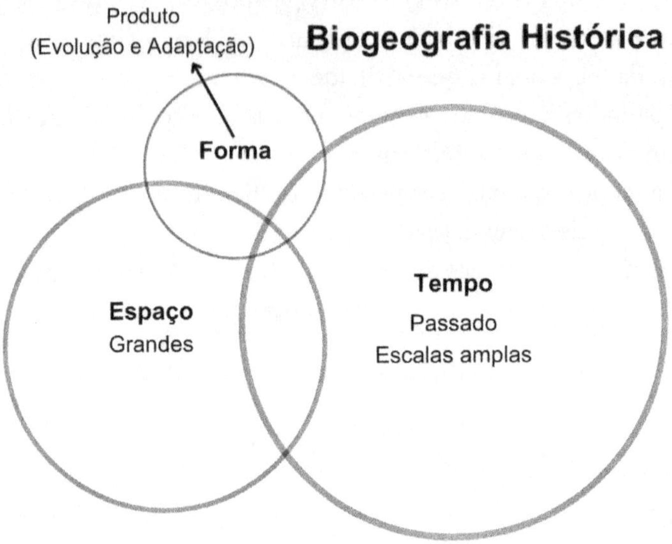

Fonte: A autora (2023).

E da **Biogeografia Ecológica**, faz a investigação da distribuição e ação dos seres vivos no presente e no futuro, considerando escalas espaciais mais detalhadas, analisando a forma, os grupos e as espécies, em interação com eventos e fenômenos produzidos por esses contextos espaço-temporais.

Figura 1.4 – Biogeografia Ecológica

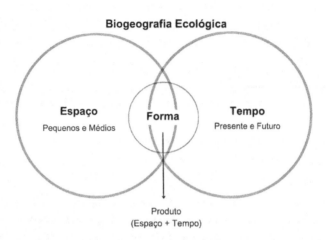

Fonte: A autora (2023).

Considera-se que o escopo de investigação da Biogeografia seja um só, conforme apresentado pelo conceito, contudo, os estudos são fragmentados nesses dois grandes enfoques e perspectivas como forma a desenvolver métodos e teorias focalizadas em contextos e organismos específicos, segundo a forma, o tempo e o espaço (Myers e Giller, 1988).

Entretanto, há uma crítica a essa fragmentação dos enfoques, muitos autores indicam que, ao separar os estudos, se rompe com um *continuum* que leva a uma análise equivocada, prejudicando a ciência biogeográfica como um todo (Morrone, 2004).

## 1.5 Teorias e métodos em Biogeografia histórica

O caráter histórico da Biogeografia tem a ver com o estudo dos seres vivos pautado principalmente no tempo geológico, ou seja, escalas temporais amplas que possibilitam a compreensão das mudanças evolutivas sofridas pelo planeta Terra. Assim, ela analisará padrões de distribuição de espécies supraespecíficos em escalas espaciais e temporais maiores (Morrone, 1996; Vargas, 2002).

O fator tempo dentro das investigações biogeográficas é determinante para a leitura e a análise da distribuição dos seres vivos da atualidade e do passado. Para isso, a Biogeografia Histórica faz uso de diversas técnicas, como análise de registros fósseis, identificação de filogenias – genealogia de espécies –, análise de dados climáticos e geomorfológicos e, mais atualmente, modelagens estatísticas para determinar a distribuição e estimar a qualidade de vida das espécies.

Com os estudos de Darwin e Wallace, a escola da Biogeografia Histórica se torna de caráter dispersionista por se basear nos conceitos de dispersionismo e dispersão saltitatória.

Para compreender esses princípios, Galo *et al.* (2021) indicam que o dispersionismo considera que os táxons possuem um centro de origem e ficam restritos a ele, e há critérios para avaliar essa especificidade. Apoiando-se em Darwin, considera-se que as espécies evoluem, sendo assim, elas se distribuirão mais próximas dos centros de origens, e, em contrapartida, as que menos evoluem ficarão na periferia do centro de origem; animais e plantas têm características diferenciadas, conseguindo atingir áreas mais distantes pelo processo de dispersão; análises dos registros de fósseis devem imprescindíveis para compreender a história no tempo e no espaço.

A exemplo dessas perspectivas, dentro dos estudos históricos da Biogeografia, temos a **Paleobiogeografia**, que nada mais é do que a intersecção dos estudos da Paleontologia com a Biologia e a Geografia.

Ribeiro e Ghilardi (2020, p. 26-27) nos ajudam: "'Paleo' nos remete a paleontologia, ao estudo dos fósseis, 'Bio' nos faz lembrar os seres vivos, e 'Geografia' nos remete ao espaço". Dessa forma, seria o estudo amplo, temporal e contextual, dos seres fossilizados encontrados em determinado espaço geográfico, com o objetivo de compreender o porquê e como os seres vivos se distribuem por uma certa área durante o passado.

As ferramentas utilizadas para os estudos paleobiogeográficos são muitas, já que devem ser consideradas as diversas áreas do conhecimento que compõem esses estudos, assim, não apenas vislumbrar as características dos achados fósseis, mas questionar quais foram os processos anteriores que moldaram aquele achado e aquele local – clima, relevo, hidrologia.

Para isso, algumas subáreas são auxiliares, como a Tafonomia, que ajudará a responder o que aconteceu com a espécie quando ela morreu; a Paleoclimatologia responderá como era o clima; a Taxonomia responderá se aquele fóssil realmente é um novo indivíduo ou não.

Em síntese, Crisci (2001), grande estudioso da Biogeografia, coloca que existem pelo menos **oito abordagens** biogeográficas históricas básicas:

**1. Centro de origem e dispersão:** estas duas concepções estão fundamentadas na Escola da Biogeografia Evolutiva. Compreende-se que os organismos possuem origens específicas em áreas geográficas específicas. Mas, com o passar do tempo, esses mesmos organismos tiveram um processo de evolução e adaptação, o que culminou em áreas geográficas ricas em diversidade. Investigar a gênese dessa diversidade começa por determinar que os organismos possuem locais-chave de nascimento, predominância e sobrevivência, conhecidos como centros de origem. Já a dispersão considera não o local de origem, mas, sim, a migração dos organismos, ou seja, o trânsito dos organismos no espaço geográfico, além do local de origem. Para isso acontecer, há algumas possibilidades, como a dispersão passiva (provocada pela água ou pelo vento); a interação entre organismos (dispersão de sementes por animais que ingerem frutos e sementes e depois os eliminam em locais distantes); a dispersão por hospedeiros, parasitas e vetores; os fluxos migratórios sazonais, por exemplo, de aves que transportam pequenos animais, sementes e micro-organismos para outros locais etc.; e a migração ativa (pássaros, mamíferos, anfíbios, répteis terrestres, peixes, que migram sazonalmente em busca de recursos e ciclos biológicos).

**2. Panbiogeografia:** é tida como um método em que se enfatiza a dimensão espacial ou geográfica da biodiversidade com foco na identificação e compreensão da dimensão espacial dos seres vivos e seus padrões e processos evolutivos. Assim, esse método permite uma exploração inicial dos dados antes de se chegar a uma análise mais aprofundada ofertada pela Biogeografia cladística (Craw e Heads, 1999). Ela representa o rompimento com a tradição dispersialista, priorizando cenários de vicariância. Os estudos paleobiogeográficos fazem uso desse método, considerando o contexto geral – mudanças climáticas, geologia, intempéries – do local em que o fóssil foi encontrado.

**3. Biogeografia filogenética:** tais estudos visam identificar a distribuição de espécies por meio do estudo das relações evolutivas entre as espécies diversas que lá existem, ou seja, como processos histórico-geológicas contribuíram para a evolução e distribuição dos seres ao longo do tempo. Tais interações são complexas e auxiliam na identificação de processos que, na atualidade, são indicadores para a conservação da biodiversidade.

**4. Biogeografia cladística:** tais estudos envolvem os chamados princípios cladísticos, que são métodos de classificação pautados no agrupamento de organismos conforme sua parentalidade, algo como a árvore genealógica. A identificação da distribuição é organizada em conjunto com as taxonomias tradicionais da Biologia, utilizando como entrada informações moleculares e morfológicas, o que fornece padrões de distribuição aproximados, dispersão, vicariância e, também, formas de colonização de agentes da evolução dos grupos, organismos e indivíduos.

**5. Filogeografia:** além de ser uma abordagem conceitual sobre a distribuição e a história evolutiva das espécies, é também um método de investigação. Pauta-se na reconstrução da história genética dos organismos com a finalidade de compreender padrões de distribuição, adaptação e colonização, o que permite desvendar rotas migratórias, limites e fronteiras, barreiras naturais, especiação e resiliência.

**6. Análise de parcimônia de endemicidade:** é uma técnica utilizada para identificar a distribuição das espécies de forma rápida, podendo ser o primeiro passo de uma análise mais detalhada e demorada. Indagam-se quais, e se, determinadas espécies são endêmicas em determinada região. Para isso, faz-se uso da identificação dos processos dispersão, extinção ou vicariância, investigando quantas vezes e/ou se estes de fato aconteceram no lócus. Identificando os grupos e a quantidade de processos, é possível compreender unidades biogeográficas e seus grupos endêmicos.

**7. Áreas ancestrais:** trata-se de um método para identificar lócus de atividades biológicas de grupos e/ou indivíduos. A importância desta análise está em determinar áreas que são e/ou foram centros de origem ou anteriores à evolução atual das espécies. Com tal técnica é possível determinar temporalmente a presença dos indivíduos no lócus, assim como suas necessidades naturais de sobrevivência, adaptação e consequente evolução.

**8. Biogeografia experimental:** refere-se à prática de diversos experimentos junto a diversas espécies. Testa-se o comportamento, a adaptação, a sobrevivência, ou não, de indivíduos submetidos a padrões diferenciados de temperatura, pressão, umidade, compostos químicos, entre tantos outros processos. A restauração ecológica é a mais utilizada em trabalhos de campo e monitoramento de espécies degradadas, forçando sua restauração por meio de um ambiente controlado com organismos e compostos.

Tais abordagens são as mais utilizadas dentro da Biogeografia, entretanto, elas são, por vezes, inter-relacionadas, a depender do objetivo, do material genético disponível, da condição da área geográfica e da *expertise* de campo, o que possibilita detalhamentos e técnicas atualizadas.

Com isso, verifica-se que a Biogeografia Histórica possui como objeto de estudo a análise temporal dos fenômenos, contudo, seus métodos e técnicas, apesar de serem utilizados há muito tempo, são forçados ao aprimoramento, sendo, portanto, atuais.

## 1.6 Teorias e métodos em Biogeografia ecológica

O caráter ecológico a que se propõe a Biogeografia tem a ver com a concepção holística e sistêmica dos estudos e investigações, algo que torna de relevante importância a área do conhecimento para a atualidade dos eventos extremos, urbanos e intensos. Essa vertente analisará padrões de distribuição individuais e/ou populacionais, em escalas espaciais e temporais relativamente pequenas (Morrone *et al.,* 1996; Vargas, 2002) se considerar a análise de tempo geológico da Biogeografia Histórica.

Ademais, na prática, ela oportuniza o estudo de como as espécies reagem aos diferentes tipos de contextos (solo, hidrologia, climas, formas de relevo), enfocando as interações biológicas atuais. É um conhecimento extremamente importante para a atualidade dos impactos socioambientais sendo útil para a agricultura, a biologia da conservação, o planejamento ambiental, entre outros (Furlan, 2009; Unesp, s.d.).

Sendo assim, a Biogeografia Ecológica se preocupa com os padrões ecológicos, ou seja, eventos, processos e interações que acontecem em espaços curtos de tempo, para assim determinar as adaptações e distribuições atuais das espécies no meio geográfico. Mas, além da escala, principalmente, tem seu foco na relação entre componentes, elementos e organismos que geram alterações, duradouras ou não.

Essa vertente, a ecológica, em verdade, não se separa da perspectiva histórica da Biogeografia Histórica, elas andam juntas, contudo, é importante compreender que os estudos biogeográficos mais históricos usam escalas de tempo diferenciados, o que pode "esconder" determinados processos, alvo de estudo da perspectiva ecológica.

Uma das principais teorias da Biogeografia Ecológica é denominada de **Biogeografia de Ilhas** ou **Teoria do Equilíbrio Biogeográfico Insular**. Ela foi postulada por Robert H. MacArthur (1930-1972) e Edward O. Wilson (1929-2021), que se fartaram dos pressupostos do botânico Johann Reinhold Forster (1729-1798) (Galo *et al.*, 2021).

Eles acreditavam que as espécies vegetais estariam mais concentradas nos continentes e menos concentradas nas ilhas, contudo, se nas ilhas tivessem mais recursos para a sobrevivência e propagação, o número de espécies aumentaria – ilhas como barreiras geográficas, mas, também, um microcosmo evolucionário. Ademais, discutiram que a diversidade florística estaria relacionada com fatores ecológicos – insolação e clima – e fatores históricos do planeta – vulcanismo, tectônica de placas, idade geológica.

Sendo assim, a perspectiva da Biogeografia de Ilhas seria o balanço entre migrações e extinções de espécies dentro das ilhas. Essa colonização de ilhas se dará conforme disponibilidade de recursos, e a história geológica do local auxiliou nas investigações e criação de métodos.

Contudo, ao considerarmos que nesses locais o isolamento é fator predominante, as espécies sofreriam com a especiação – processo em que as espécies acabam por se dividir desenvolvendo características díspares pelo empobrecimento das trocas genéticas ao ponto de serem consideradas espécies diferentes.

Galo *et al.* (2021) confirmam que a teoria da Biogeografia de Ilhas continuou a ser reformulada por outros pesquisadores nos anos 2000, que avançaram na ideia de redes ecológicas, estrutura biogeográfica evolutiva, padrões macroecológicos e, não por menos, na Ecologia das Paisagens, grande promotora dos estudos em Biogeográfica Ecológica, que será apresentada no Capítulo 4.

A Biogeografia Ecológica também possui seus métodos, sendo os principais:

**1. Análise de comunidades:** método de análise pautado no conceito de comunidades ecológicas, ao nortear que diferentes populações pertencentes a um grupo de espécies de plantas e animais conseguem coexistir em meio a condições e processos diversos. Assim, em campo a investigação deve ser a mais holística possível, considerando os esquemas de ecossistema e geossistema, com entradas e saídas de fluxos.

**2. Descrição e experimentos de campo:** são realizadas ações que têm como objetivo averiguar hipóteses, como centros de origem, evolução, adaptação, dispersão etc. Alguns exemplos que oportunizam os experimentos são: técnicas de nuvem de pontos (com coordenadas GPS, marcam-se os pontos em que as espécies foram encontradas); extrapolamento de áreas (a partir das nuvens de pontos coletadas extrapola-se um quadrante de ocorrência de espécies em conjunto com variáveis ambientais); área de vivência de espécies (quantidade de indivíduos e seu equilíbrio entre a taxa de natalidade e a de mortalidade, emigração e imigração); coleta de indivíduos (captura de exemplares para estudo em gabinete, como insetos, plantas, fezes, pelos, restos de alimentos etc.).

**3. Modelagem de distribuição de espécies:** utilizam-se modelos estatísticos para prever a distribuição e a área de influência das espécies baseando-se nos registros de campo, nas variáveis ambientais (temperatura, umidade, direção do vento, altitude etc.) e nas variáveis sociais (zonas urbanas, equipamentos urbanos, instalações de infraestrutura etc.).

**4. Uso de sensoriamento remoto e radar de temperatura:** faz parte de todo o planejamento prévio de campo, investiga-se a área de estudo com imagens de satélite, fotografias aéreas, dados georreferenciados oficiais de prefeituras sobre saúde, hidrologia, relevo etc. Com isso, consegue-se mapear características gerais sobre a área de estudo, que deverá ser validada em campo.

**5. Inventário de campo:** são descrições principalmente relacionadas às vegetações. Tem-se como objetivo identificar aspectos qualitativos e quantitativos das espécies. Para isso, deve-se observar e descrever os indivíduos como parte prévia de um estudo fitossociológico; desenhar o

BIOGEOGRAFIA

perfil da vegetação; coletar exemplares para estudo em gabinete; descrever aspectos gerais da área do entorno.

**6. Marcação e recaptura:** por meio de armadilhas capturam-se animais inserindo fitas com sensores GPS, e/ou fitas de identificação que apenas sinalizam que o animal está em processo de estudo. Essas marcações ajudam a compreender seus padrões de deslocamento, hábitos e locais de repouso. Após a marcação, faz-se a recaptura recolhendo os registros e acompanhando a vida e o desenvolvimento físico do indivíduo.

**7. Análise integrada da paisagem:** assim como acontece com a análise de comunidades, deve-se priorizar na análise integrada da paisagem os princípios de ecossistemas e geossistemas, contudo, a diferença se dá pela escala de análise, enquanto a primeira considera apenas a comunidade com limites físico-naturais, a segunda compreende o todo complexo que abrange a paisagem geográfica. Averiguam-se os fluxos e as conexões entre áreas, as possibilidades de mobilidade e os empecilhos possíveis para o trânsito, as variáveis climáticas promotoras e expulsoras etc.

Todas as possibilidades mencionadas devem ser planejadas e colocadas em prática, ora conjuntamente, ora separadamente, o que deve determinar o processo é o objetivo da pesquisa.

## 1.7 As distribuições conhecidas dos organismos

A análise integrada de elementos é estratégia primordial para desvendar os processos históricos e atuais pelos quais a natureza e a humanidade passaram/passam. Somente por meio da leitura ampliada dos fenômenos é possível explicar a presença e/ou ausência de espécies em contextos paisagísticos.

A presença de vida, humana ou não, em determinados lugares do planeta Terra e as marcas deixadas por espécies e organismos que já não existem na temporalidade de análise somente foi percebidas em razão dos esforços das teorias e ideias evolucionistas advindas de Charles Darwin, com a evolução das espécies, e Alfred Wegener, com a teoria da Deriva Continental.

A distribuição conhecida dos organismos foi publicada pela primeira vez em 1805 (Goldani, 2010, p. 6) sendo o primeiro mapa biogeográfico (Figura 1.5) que ilustra um estudo da biota de Lamark e De Candolle.

## 1. CONCEITOS E FUNDAMENTOS DA BIOGEOGRAFIA

Figura 1.5 – Primeiro "mapa biogeográfico"

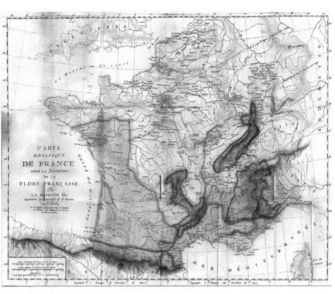

Fonte: Ebach e Goujet, 2006.

Incrementos foram realizados em 1876 por Wallace, que fez a repartição do mundo em seis regiões zoogeográficas (Figura 1.6).

Figura 1.6 – Repartição do mundo em seis grandes regiões zoogeográficas

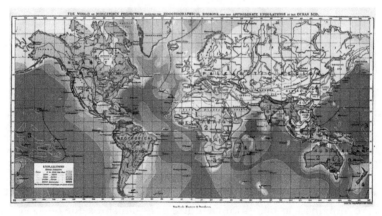

Fonte: Flora française. Disponível em: http://people.wku.edu/charles.smith/wallace/S718a.htm.

Além da especificidade dada para as regionalizações da fauna, Wallace também foi responsável pelo detalhamento das **seis regiões biogeográficas** da Terra (Figura 1.7), pensadas em 1876 e utilizadas até a atualidade.

Tal proposta somente foi aceita após décadas de discussões acerca da possibilidade da deriva continental e seus movimentos de placas que explicariam a presença do mesmo tipo de fóssil na Austrália, na África, no sul da América, na Antártida e na Índia; assim como o recorte e o encaixe perfeito entre o continente africano e o americano (Figueiró, 2015). As seis regiões são o delineamento do que na atualidade conhecemos como placas tectônicas.

Figura 1.7 – Seis regiões biogeográficas

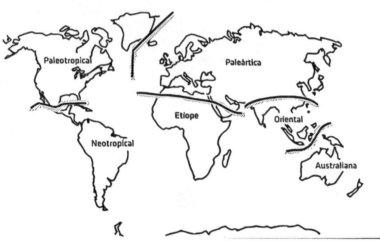

Fonte: Figueiró (2015).

Segundo Figueiró (2015), Wallace avançou na proposta esquemática de Philip Sclater, que considerou a distribuição dos principais grupos de aves pela premissa de ocorrência primária, ou seja, aquela que considera que, se existem espécies em determinados lugares no hoje, é porque essas mesmas espécies lá estavam em épocas anteriores.

As regiões biogeográficas são repartições realizadas a partir da identificação de diferentes biotas que possuem característica comuns intraespaciais e semelhanças taxonômicas entre os organismos que nelas vivem.

Os seres vivos, por não apresentarem características homogêneas, também não apresentarão *habitats* homogêneos, dessa forma, as regiões biogeográficas são delimitações generalizadas espacialmente, quando consideradas em grandes escalas, mas também são possibilidades de estudos mais verticalizados, quando identificadas características espaciais homogêneas em escalas menores.

Nessa perspectiva, um maior detalhamento das regiões biogeográficas foi realizado por Holt *et al.* (2013) que, segundo explica Figueiró (2015) redividiram as regiões principais em 11 sub-regiões, ou domínios (Figura 1.8), fundamentadas por informações de milhares de espécies de aves, mamíferos e anfíbios, com a identificação da ancestralidade dos indivíduos pelo uso do DNA e de chumbo (pb), para quantificar a singularidade das regiões pela sua datação.

Figura 1.8 – Mapa dos reinos zoogeográficos terrestres/ domínios e regiões do mundo

Fonte: Holt *et al.* (2013).

A repartição realizada pelos autores advém da análise de informações filogenéticas de 20 regiões zoogeográficas distintas que foram agrupadas em 11 domínios maiores, sendo eles: Neotropical, Oceaniano, Panamiano, Neártico, Afrotropical, Saara-Árabe, Paleártico, Madagascar, Oriental, Australiano e Sino-Japonês.

Os autores analisam e comparam seus achados com os achados de Wallace, indicando semelhanças e diferenças, por exemplo, a falta de informações precisas sobre a região Paleártica forçou que a mesma tivesse seus limites até as latitudes mais altas do Hemisfério Oriental, o que resulta em regiões mais filogeneticamente semelhantes na parte ártica da região Neártica do que nas regiões Paleárticas convencionalmente definidas. Assim, os autores alteram as clássicas delimitações de Wallace estendendo o reino Paleártico por todo o ártico e parte norte do hemisfério oeste. Também ampliaram as definições inserindo os reinos panamenhos, sino-japoneses e oceânicos.

Tais regionalizações auxiliam na explicação da distribuição das espécies ao longo do tempo, compreendendo a diversificação no início da história evolutiva de indivíduos. Diante das especificidades apresentadas pelos 11 domínios de Holt *et al.* (2013), pode-se afirmar padrões importantes como a menor capacidade de dispersão (caso dos vertebrados) e uma maior sensibilidade às condições ambientais precárias (caso dos anfíbios), o que fornece subsídios para pesquisas em conservação, comparativos ecológicos, evolutivos e biogeográficos.

Além das regiões biogeográficas clássicas, seja a de Wallace, ainda utilizada, seja a de Holt *et al.*, há outros exemplos mais comuns de regionalização biogeográfica, como é o caso das ecorregiões, das regiões zoogeográficas, dos reinos florísticos e dos biomas, que possuem como critério de amálgama a existência de pelo menos dois táxons endêmicos (espécies, gêneros, famílias, organismos que são encontrados exclusivamente em uma determinada região geográfica e não ocorrem naturalmente em nenhum outro lugar do mundo).

Entretanto, as regiões biogeográficas serão aquelas espacialmente contínuas, enquanto as ecorregiões (Figura 1.9), por exemplo, normalmente são representadas de forma descontínua.

Todos esses mapeamentos e detalhamentos de lócus, espécies, organismos, biotas contribuem para a leitura das dinâmicas operadas pelos seres vivos, e, dessa forma, os problemas relativos à conservação da biodiversidade podem ser diagnosticados e evitados.

Na ciência desenvolvida na contemporaneidade do século XXI, é primordial levar em consideração em qualquer estudo biogeográfico as flutuações climáticas atreladas à deriva continental, que resultaram no endemismo e na dispersão de espécies diversas e comuns (Figura 1.9) em muitos locais. Contudo, até pouco tempo atrás, década de 1950, tais pontos não eram tidos como verdadeiros.

Figura 1.9 – Ecorregiões de água doce no mundo

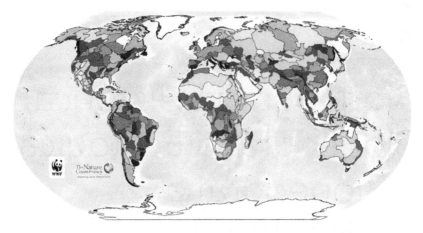

Fonte: Abell e Thieme (2008).

Goldani (2010) coloca que os esforços dos(as) biogeógrafos(as) devem se voltar para temáticas e técnicas específicas como análises de áreas de endemismo, uso de regiões zoogeográficas e estudo dos padrões geográficos das espécies. Todos esses pontos perpassam discussões em voga no meio científico, como as mudanças climáticas.

Assim, deve-se considerar que a ciência precisa de tempo e espaço para seu desenvolvimento, algo relevante se notarmos que existem quase 9 milhões de espécies no mundo e apenas 13% disso está catalogado, ou seja, é conhecido (Figueiró, 2015).

# 2

# Biogeografia Histórica, Biogeografia Ecológica e Biogeografia Sociocultural

NESTE CAPÍTULO 2 IREMOS nos debruçar sobre os estudos clássicos e atuais que fazem uso das técnicas e teorias já mencionadas para a Biogeografia Histórica, Ecológica e Sociocultural. O foco está em apresentar, na prática, como os(as) biogeógrafos(as) do Brasil e do mundo estão avançando na ciência biogeográfica e como ela é importante para a atualidade dos problemas socioambientais.

Como já mencionado, a ciência biogeográfica divide-se em dois grandes campos de pesquisa (Fitogeografia e Zoogeografia), e, como forma de sistematizar os estudos, possui três grandes divisões onde esses campos são abordados: Histórica (Paleobiogeografia), fundamentando suas análises em processos evolutivos ao longo de grandes períodos geológicos; Ecológica, respaldada por mudanças ocorrentes em períodos e escalas espaciais mais curtas, estudando como os fatores ambientais atuais influenciam os seres vivos e como eles respondem a essas variações ecológicas; Cultural, onde temos a compreensão do papel do ser humano na modificação da biota (Figueiró, 2015; Souza e Souza, 2016).

## 2. BIOGEOGRAFIA HISTÓRICA, BIOGEOGRAFIA ECOLÓGICA E BIOGEOGRAFIA SOCIOCULTURAL

Ao fim, perceberemos que a fragmentação em três eixos de estudo é mera estratégia metodológica, pois, em suma, estudos em Biogeografia só são possíveis se houver relação entre fatores, métodos, teorias e perspectivas.

## 2.1 Biogeografia Histórica: as grandes escalas do quando, onde e por que nos estudos da atualidade

Os estudos da Biogeografia Histórica, conforme já mencionado, estão voltados a compreender a história de ocupação e distribuição dos seres vivos no planeta. Para isso, o seu objetivo na atualidade é gerar hipóteses sobre como, onde e por que acontecem as distribuições dos organismos.

Brown e Lomolino (2006) contam que a Biogeografia Histórica da atualidade na verdade é a clássica Biografia vicariante – aquela que analisa os padrões de distribuição de espécies e/ou grupos em taxonomia que foram separados por processos históricos de grande dimensão geográfica, escalar e temporal, como a deriva continental e a tectônica de placas, as flutuações climáticas e grandes mudanças na estrutura geológica – contudo, a diferença está na incorporação de outros tipos de dados, como o uso de material genético, modelagens e tecnologias de precisão, ferramentas moleculares que permitem comparação entre grupos muito distantes e a estimativa da idade baseados em relógio molecular ou registro fóssil (Martins, 2013), parceria e troca de informações de áreas da Paleontologia e da Geologia.

Exemplo disso pode ser visto ao reanalisar resultados encontrados por pesquisadores na década de 1990 sobre roedores do deserto que se acreditava terem sobrevivido no período glacial mais recente (Lomolino, Riddle e Brown, 2006), quando, em verdade, foram isolados em bacias desérticas por um período muito maior. Tal descoberta e refinamento de resultados somente são possíveis com o avançar de técnicas de mapeamento e identificação de táxons.

Figueiró (2015) coloca também dois tipos de abordagens possíveis para estudos de biogeografia ao longo da história evolutiva, sendo a **corológica** e a **biocenológica**.

A abordagem corológica preocupa-se em compreender a história de determinado táxon ao longo do tempo, valendo-se da premissa de que cada táxon ocupa uma área específica na superfície da Terra e dessa forma dois táxons jamais poderão possuir a mesma área de distribuição, à exceção de outros processos como parasitismo ou simbiose (Figueiró, 2015).

Já a abordagem biocenológica preocupa-se em compreender a biocenose como um todo, ou seja, a ação de toda a comunidade de espécies, não apenas de um táxon, ou outros. Investiga-se como as condições ecológicas influenciam, ou não, nas interações, estruturas e funcionalidades. Figueiró (2015) dá exemplo da floresta temperada localizada no continente europeu e na floresta temperada localizada na parte norte do continente americano. Ambas as florestas possuem baixa similaridade na composição florística, entretanto, em uma condição de umidade semelhante, apresentarão uma estrutura florestal parecida, mesmo que a composição seja díspare.

Tais abordagens são amplamente utilizadas por estudiosos da área biológica que têm ambições voltadas para a atualização de banco de dados sobre o potencial de biodiversidade de áreas e mapeamento de áreas de ocorrência de determinadas espécies (Figueiró, 2015).

O envolvimento entre biólogos, geógrafos, paleontólogos e climatólogos tem sido fortuito para o avanço e refinamento de tais informações. Estratégias como o uso dos cladogramas (Figura 2.1) de áreas – tipo de árvore filogenética formado por linhas e nós conectados – podem auxiliar na leitura das relações de parentescos e suas características compartilhadas, assim como indicar os eventos e as possibilidades de diagnóstico sobre as mudanças sofridas por determinados local e espécie.

Figura 2.1 – Cladogramas

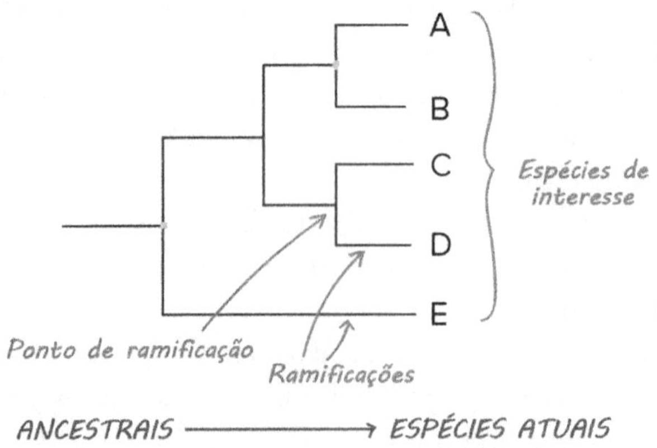

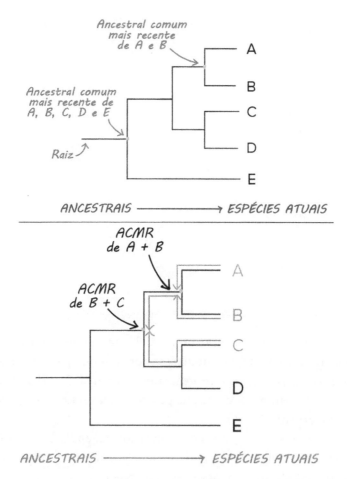

Fonte: **Taxonomy and phylogeny:** figure 2 by Robert Bear *et al.* Disponível em: https://pt.khanacademy.org/science/ap-biology/natural-selection/phylogeny/a/phylogenetic-trees.

Para sua construção, deve-se realizar trabalho de campo e gabinete, com coleta de campo, análise filogenética (construção de árvore das relações), codificação e mapeamento da distribuição, inferência de eventos (houve dispersão, vicariância, extinção?) e desenho esquemático (Figura 2.2).

Figura 2.2 – Exemplo de percurso para cladograma

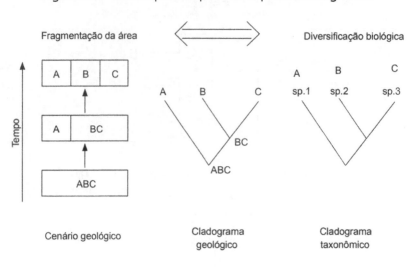

Fonte: Nihei (2016), disponível em Carvalho e Almeida (2011).

Os cladogramas são importantes pois conseguem, por meio do desenho, indicar e sustentar hipóteses sobre a sequência de conexões históricas e trocas bióticas entre áreas (Lomolino *et al.*, 2006). A questão que deve ser proeminente é: até que ponto diferentes espécies possuem padrões congruentes?

Por meio dos cladogramas é possível compreender tais padrões e ainda identificar se há táxons menos diferenciados em locais mais antigos e táxons mais derivados em locais mais recentes.

Tal técnica da Biogeografia Histórica deve considerar que as distribuições dos diferentes tipos de organismos possuem uma imensa variedade de relações advindas de suas filogenias. Em termos de continuidade do percurso histórico e evolutivo da Biogeografia Histórica pode-se considerar que muitos pontos ainda são alvo de análise e carecem de respostas, já que processos de colonização, extinção e especiação podem ser hipotetizados, mas não confirmados fidedignamente, muito menos em relação a sua direção.

Como afirmar que as barreiras físicas afetaram de forma igual os processos de dispersão e ocupação de organismos? Se não conseguimos, ainda, mapear a totalidade dos organismos que existem no planeta Terra, como saber quem são os que já viveram por aqui?

Dito isso, alguns estudos servem de exemplo para o contexto atual de pesquisa na área histórica da Biogeografia. É o caso da pesquisa de Martins (2013), que apresenta as interações entre planta-polinizador, que é tema de importante investigação sobre adaptações recíprocas e coevolução. Apresenta hipóteses filogenéticas que têm como percurso de investigação mapeamento de caracteres na filogenia; estimação da idade das interações; análise das cofilogenias, e, por fim, produção de associações com hipóteses biogeográficas. A autora considera que estudos desse tipo requerem um grande esforço de campo, e as abordagens exigem coleta e detalhamento de informações ecológicas, já que a opção por um método e outro isoladamente pode prejudicar estudos desse tipo.

Outro exemplo é o estudo de Batalha-Filho e Miyaki (2014), que investigaram os processos evolutivos na Amazônia e na Mata Atlântica por meio de leituras e perspectivas da área da geomorfologia, da geologia e da hidrologia. Citam os ciclos glaciais do Pleistoceno que resultaram na diversificação da biota; atividades tectônicas do fim do Terciário e do Quaternário que diversificaram outras linhagens; e a estrutura da drenagem do Rio Amazonas, que originou a biota residente do bioma. A leitura de processos de um tempo muito antigo, do tempo geológico, fornece informações importantes para a identificação de eventos e organismos existentes no presente.

Furlan (1996) expõe possíveis implicações paleoambientais da história biogeográfica por meio de bioindicadores analisados em fragmentos florestais no litoral de São Paulo. Estudos desse tipo validam a existência de espécies que compartilham diferentes regiões do antigo continente (Figura 2.3), o que indica uma grande estabilidade e história comum.

Figura 2.3 – Agrupamento por similaridade em áreas distintas

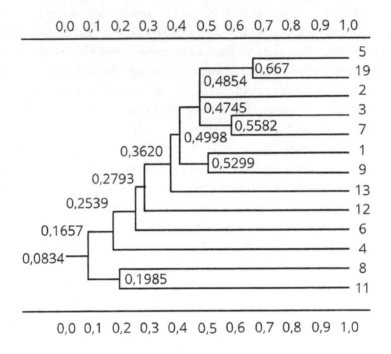

Fonte: Adaptado de Furlan (1996).

A autora fortalece a necessidade desses estudos por revelarem os caminhos da vida na Terra. Para essa leitura faz-se necessária a organização de inventário formado por informações taxonômicas, preenchido com coletas de exemplares formados tanto na região Neotropical quanto em outras regiões da antiga Gondwana, e mais pesquisas sobre estudos faunísticos no mundo tropical, grande lacuna de investigação da Biogeografia.

Raymond *et al.* (2021) identificaram que a espécie de *Cormohipparion* norte-americano (Figura 2.4), gênero distinto de cavalo, estendeu sua distribuição para o Velho Mundo no início do Mioceno tardio, tendo suas primeiras ocorrências regionais no Planalto Potwar (Paquistão) e em Sinap Tepe (Turquia), há 10,8 milhões de anos.

Figura 2.4 – Mapa das alturas medidas das coroas dentárias das linhagens *hipparion* por meio das zonas biocronológicas

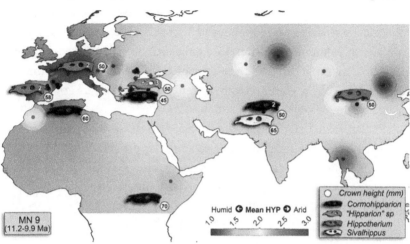

Fonte: Raymond *et al.* (2021).

O ponto-chave do estudo concentra-se na confirmação de que houve uma diminuição da linhagem dessa espécie no Plioceno, acompanhada pela evolução do seu tamanho, resultante de um processo de adaptação às zonas sazonais da África. Os autores ainda indicam que não há evidências da adaptação dos mesmos aos ambientes frios e secos do Velho Mundo.

Os quatro exemplos supracitados fortalecem a máxima de que a Biogeografia, em verdade, independente da verticalidade que o estudo possua, é uma só, e, sendo assim, necessita de um conjunto de técnicas e teorias integradas para a leitura adequada dos fenômenos no espaço geográfico natural e/ou antropizado.

## 2.2 Biogeografia Ecológica: as pequenas e médias escalas do quando, onde e por que nos estudos da atualidade

A Biogeografia Ecológica assume um papel de destaque nos estudos e nas investigações da atualidade, isso se deve aos problemas socioambientais da pós-modernidade do século XXI e a preocupação com a biodiversidade e a conservação da natureza.

É considerada por Figueiró (2015) como uma abordagem que busca compreender as relações que os seres vivos estabelecem com os demais elementos da paisagem em que vivem, como a temperatura, a umidade, os solos etc. Se se busca compreender um determinado táxon e sua relação com algum elemento, o estudo está concentrado na área da autoecologia; caso a investigação se direcione para a análise de uma determinada comunidade com os elementos ao seu redor, o estudo estará concentrado na área da sinecologia.

Furlan *et al.* (2017) indicam que dentro dessa Biogeografia mais ecológica as teorias fundamentais são aquelas provenientes do campo téorico-metodológico da conservação da natureza, na busca por respostas de questões: Como proteger áreas que são grandes *hotspots* da biodiversidade? Como mapear e definir quais são seus limites? Como conservar fragmentos pressionados por atividades humanas degradadoras?

Tais questões saltam e somente são possíveis de serem feitas, e, principalmente, respondidas, se houver um conhecimento mínimo sobre os organismos e suas biotas. O início de todo esse processo e trabalho árduo de investigação em campo requer levantamento, inventários, mapeamento, trabalho de gabinete, uso de técnicas de geoprocessamento e, mais atualmente, modelagens.

Alguns exemplos são vistos nesses estudos. Godfree *et al.* (2021) relatam os impactos dos megaincêndios em florestas na Austrália no período de 2019 e 2020. Cerca de 8 milhões de hectares de vegetação foram queimados em eventos nunca antes vistos na região pelo período de pelo menos 200 anos. Os autores fizeram uso de dados extraídos de detecção remota do fogo (Figura 2.5), que capturou a queima de 11 biorregiões australianas, 17 grandes grupos de vegetação nativa e percentuais de 67-83% das florestas tropicais e das florestas e bosques de eucalipto globalmente significativas.

O geoprocessamento e a modelagem auxiliaram na criação de imagem *raster* dos *hotspost*, em seguida, uma quadrícula com informações de temperatura de fogo foi sobreposta, culminando nos mapas de incêndio e vegetações queimadas.

Figura 2.5 – Riqueza de espécies com base em registros de localização de queimadas (vermelho) e não queimadas (azul) com >50% das populações ou áreas queimadas agregadas

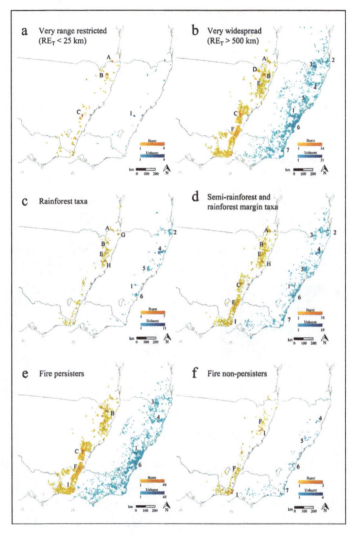

Fonte: Godfree *et al.*, 2021.

O detalhamento ainda foi realizado considerando as taxonomias e proporções totais das espécies e comunidades de plantas que ocorrem no sudeste da Austrália continental. Tais proporções só foram possíveis porque as áreas de cada uma das 11 principais biorregiões da Austrália já estavam definidas pela *Interim Biogeographic Regionalisation for Australia* (IBRA).

Outro estudo de importante significância para a Biogeografia Ecológica é de Ackerly *et al.* (2010), que analisaram aspectos geográficos, como os tipos de clima, que vêm desaparecendo, declinando, expandindo e se alterando na Califórnia e em Nevada (Figura 2.6), por conta das mudanças climáticas e suas reverberações na biodiversidade.

Figura 2.6 – Domínio espacial e espaço climático para partes da Califórnia e de Nevada

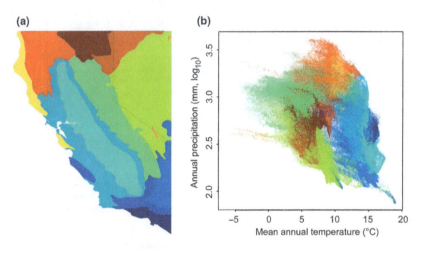

(a) Ecorregiões do WWF. (b) Temperatura média anual versus precipitação total anual. As cores correspondem às ecorregiões.

Fonte: Ackerly *et al.* (2010).

Os resultados indicaram que os impactos biológicos serão maiores onde a taxa e/ou magnitude das alterações climáticas for maior; as paisagens espacialmente heterogêneas suportarão uma maior diversidade genética e de espécies; uma maior diversidade genética aumentará a probabilidade de que a variação adaptativa apropriada esteja disponível para facilitar a adaptação às novas condições, e um conjunto diversificado de espécies proporcionará um conjunto funcionalmente diversificado de táxons com afinidades ambientais díspares que podem formar comunidades novas e em mudança (Ackerly *et al.*, 2010).

Santos *et al.* (2015) analisaram a influência do clima e o nível relativo do mar na distribuição potencial de manguezais no litoral norte e nordeste brasileiro comparando com projeções de 6 mil anos atrás, projeções de 2015 e projeções futuras para 2050. Os resultados foram obtidos por meio de modelagens de distribuição utilizando-se de variáveis climáticas e nível relativo do mar (Figura 2.7). Revelam, assim, redução e expansão de áreas adequadas para ocorrência de manguezais no futuro, indicando a sensibilidade de tal ecossistema às mudanças do clima.

Figura 2.7 – Modelagem da distribuição potencial de manguezais em três períodos

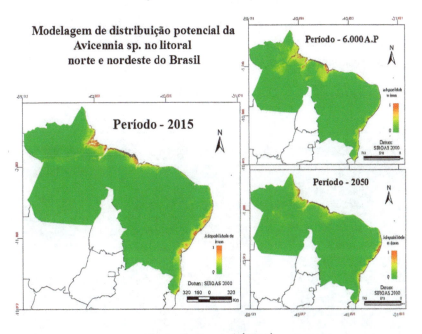

Fonte: Santos *et al.* (2015).

Ao projetarem tais influências para o ano de 2015, encontraram a temperatura anual como variável determinante para a distribuição das espécies. Já para o período de 2050, sinalizaram que existirão condições para as espécies, contudo, a espécie *Avicennia* sp se desenvolverá melhor em detrimento de outras.

Gonçalves (2020) organizou estudo de áreas potenciais para a criação de corredores ecológicos em divisões dos estados de São Paulo, Paraná e Mato Grosso do Sul. Ao analisar fragmentos florestais, Área de Preservação Permanente e Reservas Legais, associados aos conflitos de uso e cobertura da terra, pôde indicar possibilidades para a criação de corredores ecológicos que salvaguardem as unidades geossistêmicas das regiões que compreendem os biomas da Mata Atlântica e do Cerrado.

A delimitação e a criação de corredores ecológicos são sustentadas por teorias e métodos já mencionados. O autor, ao usar o Modelo GTP (Geossistema, Território, Paisagem), contribui para que outros estudos sejam possíveis pela replicação da estrutura analítica.

Os corredores podem ser pensados por meio dos traços mosaicais que conseguem representar as estruturas presentes em processo de fragmentação ou desaparecimento. Caso exemplificado pelo autor (Figura 2.8).

Figura 2.8 – Evolução de mosaicos, exemplos de fragmentação e perda

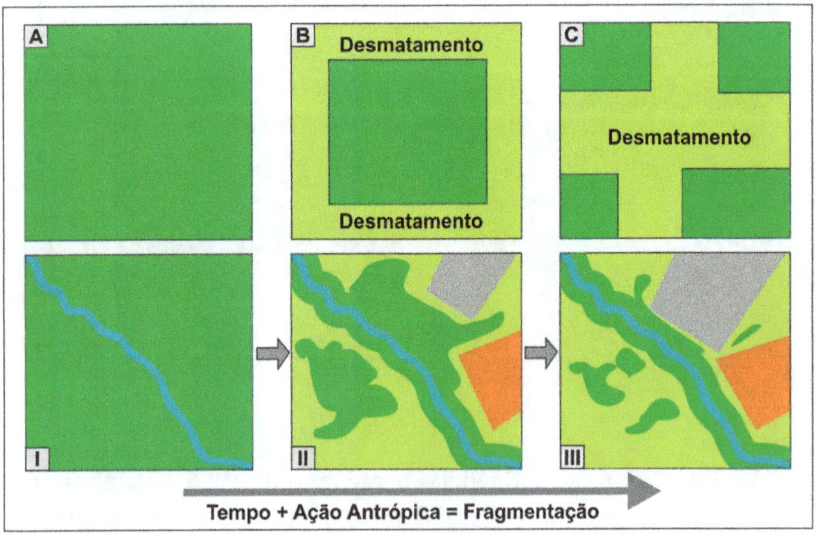

Fonte: Metzger (2001).

Ademais, o autor ainda considera que o uso e a ocupação do solo foram implicadores diretos para a fragmentação de áreas verdes, afetando a fauna e a flora locais. Tais prejuízos são subsuperficiais, já que atividades de pastagem e agricultura intensiva desequilibraram os solos, já frágeis, das regiões.

Diante da exposição dos quatro estudos que se vertem sumariamente para a Biogeografia dita ecológica, é possível compreender que a apresentação de métodos, técnicas e teorias que oportunizam diagnósticos inter-relacionais dos atributos naturais da paisagem conferem à Ecologia da Paisagem e Conservação da Natureza destaques pela potencialidade que possuem de lerem as complexidades geográficas.

## 2.3 Biogeografia Sociocultural: quando, onde e por que das interações antrópicas nos estudos da atualidade

A Biogeografia, por sua história naturalista, foi subordinada exclusivamente ao papel de explicar a distribuição dos seres vivos na superfície terrestre. Entretanto, conforme Figueiró (2012) indica, essa posição descritiva e verticalizada possui um sério prejuízo epistemológico. Isso se deve por não promover um debate sobre as necessidades da ciência geográfica em compreender as complexidades naturais que são severamente intensificadas e transformadas pelo ritmo histórico-social dos seres humanos.

A Biogeografia Sociocultural aparece com a preocupação de contextualizar as dinâmicas do espaço geográfico, considerando não apenas os processos naturais, mas também os sociais, culturais e políticos implicantes daqueles, sendo, então, uma força promotora do debate epistemológico necessário à Biogeografia.

Historicamente uma Biogeografia cultural foi proposta por Simmons em 1979, como conta Figueiró (2015) sintetizando os enfoques históricos e ecológicos da Biogeografia e centrando-os na ideia de que o ser humano modifica de maneira significativa o quadro natural do planeta e a distribuição das espécies, seja de forma indireta com a alteração dos ecossistemas, seja de forma direta pela introdução de espécies.

A categoria de análise da Biogeografia Sociocultural ainda é a mesma dos estudos "mais naturalistas", a paisagem, entretanto, ao se propor uma Biogeografia Sociocultural, analisam-se, também, as paisagens culturais que se modulam pela linha de afinidade ao lugar, ao afetivo, às relações e trocas sociais.

Mas, muito mais do que isso, essas paisagens, como já mencionava Milton Santos (2006) estão impregnadas de heranças e marcas das relações passadas dos seres humanos com a natureza. Nada mais necessário do que fazer a leitura dessas marcas.

Exemplos dessas interações são vistas ao investigar a história de grandes porções vegetacionais e ecorregiões, como a Mata Atlântica, que vivenciou e se alterou pelos processos de uso e ocupação territorial por populações ancestrais de milhares de anos atrás, com os pré-históricos, indígenas, colonizadores, negros, tropeiros etc. (Svorc e Oliveira, 2012).

Assim, as marcas culturais deixadas pelos seres humanos e suas formas de manejo são investigadas em estudos da Biogeografia Sociocultural, alguns deles são exemplificados.

Furlan (2005) analisou o significado das florestas tropicais dentro das temporalidades e territorialidades de diferentes povos de tradição. A defesa é de que as formações vegetacionais, grandes florestas e matas nativas são também florestas culturais, formadas pelas marcas de diferentes povos que possuem de forma ancestral práticas sociais e formas de manejos que dialogam com o funcionamento dos ecossistemas.

Essas posturas salvaguardaram a vida dessas populações, já que os benefícios das matas – solos, frutos, animais, água, oxigenação, bem-estar etc. – foram e ainda são usufruídos pelas populações de agora.

A autora ainda menciona o papel das florestas culturais no manejo das populações tradicionais, com os princípios da sustentabilidade, a conservação de áreas contínuas orgânicas – sem desenho e planejamento –, o ordenamento e manejo baseado no conhecimento e na necessidade da comunidade e tempo da natureza, a ação das cooperativas que formalizam sistemas de manejo, reafirmação da identidade cultural advinda do uso familiar da terra.

Os sistemas agroflorestais – SAFs (Figura 2.9) – merecem destaque pelo uso sustentável das florestas tropicais e recuperação de solos degradados. A partir da incorporação de espécies específicas no desenho agrícola ocorre o processo de sucessão e abastecimento de nutrientes no solo, deixando a área produtiva e em constante rotação.

Figura 2.9 – Modelo de sistemas agroflorestais

Fonte: https://www.hypeness.com.br/2020/05/
aprenda-sobre-sistemas-agroflorestais-em-aulas-gratuitas-e-online/.

Em contraponto à monocultura, esse tipo de organização do sistema agrícola consegue diversificar as espécies, os nutrientes e as defesas do solo contra pragas e doenças.

Na perspectiva de uma Biogeografia que investigue os processos humanos e suas influências no quadro natural do planeta, há ainda a chamada Biogeografia Médica que, segundo Figueiró (2015), pode ser considerada como um ramo da Biogeografia Ecológica. Entretanto, ao lidar com os problemas de saúde humana causados pela disseminação e transmissão de doenças por organismos vivos, é possível colocar a Biogeografia Médica dentro da Biogeografia Sociocultural.

Dias (2022) se debruçou sobre essas duas perspectivas – médica e sociocultural – ao mapear o uso das práticas alternativas e complementares de saúde (Figura 2.10), sobretudo, a fitoterapia, em municípios antes e depois da pandemia de COVID-19, tendo como foco identificar os municípios e as populações usuárias de terapêuticas naturais – ervas, emplastos, chás, cascas, pomadas – que, mesmo em contexto de isolamento social, conseguiram usufruir das farmácias naturais que são os "quintais" vegetacionais.

## BIOGEOFRAFIA

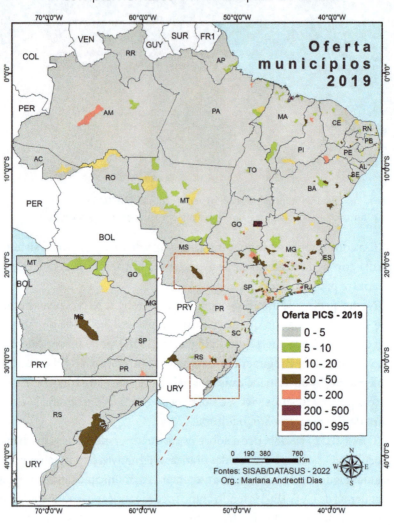

Figura 2.10 – Oferta e uso de práticas integrativas complementares em municípios do Brasil

Fonte: Dias (2022).

Os municípios em destaque são Dourados (MS) e Rio Grande (RS), que apresentaram aumento de 200% no uso da PICS chamada Antroposofia. A Antroposofia necessita de matérias-primas naturais para acontecer – ervas medicinais, raízes, galhos, folhas e frutos –, que são colhidas e experienciadas pelo conhecimento da população residente que tem a *expertise* e a história territorial com as espécies e o ecossistema.

A autora ainda corrobora a existência de uma relação dessas sociedades com o "território da biodiversidade" pelo fator social estar enraizado de forma histórica, cultural e terapêutica com a biogeografia, usada como saúde e fortalecida por ressignificações modeladas entre ciência e culturas de saúde.

Souza e Souza (2016) aprofundam os conhecimentos sobre a caatinga brasileira (Figura 2.11) ao analisarem o processo histórico de ocupação e uso do solo com relatos e descrições das paisagens na região do Cariri Paraibano.

Por meio de entrevistas com residentes com idades maiores que 70 anos, conseguiram, com suas histórias orais, compreender a história dos locais e uso da vegetação. Com uso de geoprocessamento também mapearam os tipos encontrados na região em diferentes épocas e momentos históricos.

Figura 2.11 – Mapa com identificação de tipos da caatinga em período colonial

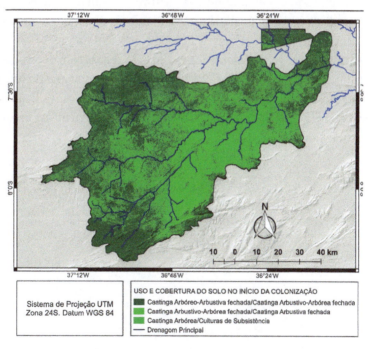

Fonte: Souza e Souza (2016).

Foram identificados os tipos de caatinga existentes no início da ocupação do território pelos colonizadores europeus: arbóreo-arbustiva fechada, arbustiva fechada e arbórea com culturas de subsistência.

A pecuária também afetou a vegetação nativa do local, servindo de alimento e pisoteio; o uso doméstico intensificará a extração da vegetação, servindo para pisos, revestimentos, cercas, carvão, lenha etc.; o algodão passará a ser cultivo predominante em toda a caatinga; além das queimadas, prática bastante comum para rotatividade de culturas e limpeza de terrenos.

Os autores, ao fim, consideram que a paisagem natural fora recriada pelos seres humanos, e não apenas recriada, como em muitos locais e tipos de biomas. Perceberam poucas áreas onde ainda se tem a caatinga melhor preservada, contexto esse localizado em áreas marginais do ponto de vista do aproveitamento direto dos recursos naturais, como afloramentos rochosos, serras e áreas com solos com problemas de salinização (Souza e Souza, 2016).

Um último exemplo de estudos em Biogeografia Sociocultural pode ser vislumbrado com estudo de Dias (2022), que inseriu na educação básica, na disciplina de Geografia para alunos do Ensino Médio, conteúdos e vivências centrados na conservação e educação ambiental.

A autora desenvolveu a temática das hortas urbanas com os estudantes da cidade de Curitiba/PR (Figura 2.1), pautando-se em documentos oficiais da educação, como a Base Nacional Comum Curricular, especificamente a Competência 3, que tem como ponto de partida a agricultura urbana e a discussão socioambiental.

Figura 2.12 Organização e produção da horta na escola

# BIOGEOGRAFIA

Fonte: Dias (2022).

Além da teoria desenvolvida em sala de aula, apresentando conceitos e exemplos de experiências já desenvolvidas na cidade, a parte prática consistiu na organização e construção de hortas nos quintais da escola. A horta tinha estrutura de composteira, armazenamento e produção.

Diante de todos os exemplos e possibilidades, é categórico considerar que a paisagem, aquela tradicionalmente estudada por diversos cientistas das mais distintas áreas, não deve ser colocada apenas dentro da análise naturalista, ela é transformada constantemente pelos processos antrópicos – econômicos, políticos, culturais, ancestrais, espirituais – e conforme Furlan *et al.* (2016) consideram, em conjunto com Ab'Saber (1982), existe a necessidade de se apresentar de forma integrada os principais atributos naturais que interagem, acompanhados sempre do maior número de fatores antrópicos que respondam pelo padrão de uso e ocupação dos espaços em estudo.

A Biogeografia é eficaz para desenvolver essa tarefa de extrema importância para leitura dos fenômenos e empreitada para a proteção e conservação da natureza, o que nos leva a crer que a junção de todos os métodos e perspectivas, advindos da Biogeografia Histórica, Ecológica e Sociocultural é a única possibilidade que consegue viabilizar a perspectiva sistêmica, gênese dos estudos biogeográficos.

# 3

# Fitogeografia e Zoogeografia do Brasil

A BIOGEOGRAFIA COMO CIÊNCIA AMPLA e interseccionada por diversas áreas do conhecimento está posicionada como um ramo da Geografia Física. Assim, a Fitogeografia (Geografia das plantas) e a Zoogeografia (Geografia dos animais) são ramificações da Biogeografia que se apoiam no escopo geral da Geografia Física. Apesar de a divisão entre Geografia Física e Geografia Humana ser presente na ciência geográfica, o olhar e a análise devem sempre ser integrados. Isso também deve valer para a Geografia das plantas e a Geografia dos animais, intentando não prejudicar a leitura integrada e complexa pertencentes aos fenômenos específicos de cada ramificação.

Neste capítulo iremos detalhar os conceitos e as técnicas desses dois focos de estudo com o objetivo de compreender as distribuições das espécies vegetais e animais, suas escalas e a composição da diversidade presente nas regiões brasileiras, em uma perspectiva geográfica ecológica, ou seja, integralizadora dos fatores bióticos, abióticos e antrópicos.

## 3.1 Fitogeografia: análise da distribuição, escalas e diversidade das regiões brasileiras

A Fitogeografia, assim denominada pelos anglo-americanos, ou Geografia Botânica/Geobotânica, assim denominada pelos europeus

(Pinto, Silva e Diniz, 2022) possui como pai fundador o geógrafo alemão Humboldt, que pioneiramente conseguiu sistematizar a distribuição espacial das vegetações relacionando-as com quadros geológicos e climatológicos – análise singular à época.

O geógrafo, juntamente com von Martius e Saint-Hilaire, construiu o tripé base para os estudos fitogeográficos no Brasil. Os botânicos von Martius e Saint-Hilaire forneceram contribuições expressivas para a botânica brasileira ao percorrerem o interior do país por três anos, observando, descrevendo, catalogando e recolhendo materiais. Martius conseguiu organizar o mapa fitogeográfico do Brasil ilustrando a distribuição espacial das principais formações ou tipos fisionômicos das vegetações. Saint-Hilaire se especializou no estudo da flora dos campos, relacionando-as com aspectos culturais e históricos. Contudo, os estudos no Brasil começaram a ser desenvolvidos muito tempo antes aos três naturalistas europeus supramencionados.

Camargo e Troppmair (2002) indicam que cronistas e missionários da Coroa portuguesa descreveram as "plantas já cultivadas pelos indígenas, como o fumo, a mandioca, o milho, o amendoim, culturas essas que logo despertaram a curiosidade dos primeiros cronistas".

Importante contribuição foi o inventário realizado pelo holandês Guilherme Piso, naturalista e médico que estudou plantas e animais venenosos do Brasil.

Em sua expedição ao nordeste brasileiro, a mando do Príncipe Maurício de Nassau, percorreu de Pernambuco ao Rio Grande do Norte inventariando os recursos naturais daqui, e lançou as bases da farmacologia *De medicina brasiliensi* (Piso, 1948), em 1648. Piso ganhou o título de fundador da Nosologia brasileira e da Medicina Tropical no mundo por identificar as propriedades terapêuticas das terras brasileiras.

As descrições (Figura 3.1) sobre as propriedades terapêuticas de tajaoba, iamacaru, urumbeba e a iaracatia foram feitas por Piso; o detalhamento revela espessura, cor, formato, indicações de tratamento e aspectos geográficos da paisagem, "bosques apartados e densos onde mal se podia penetrar" revelando sua presença na caatinga brasileira.

## 3. FITOGEOGRAFIA E ZOOGEOGRAFIA DO BRASIL

Figura 3.1 – Descrições de espécies encontradas no Brasil

Fonte: Piso (1948), disponível em Barros (2005).

Até hoje a Fitoterapia brasileira é conhecida no mundo, sendo alvo de interesse estrangeiro, e, infelizmente, da biopirataria. O conhecimento sobre as plantas é ancestral e faz parte das tradições dos povos originários que promovem seus cuidados e curas com uso da farmácia viva, sendo então um exemplo de estudo biogeográfico cultural.

O percurso histórico fundamentado por esses pesquisadores fortaleceu os estudos em Fitogeografia, que podem ser divididos em três fases, conforme apontam Pinto *et al.* (2022):

– Período pré-fitogeográfico: época das grandes navegações e invasão de territórios, séculos XVI e XVII. Os estudos fitogeográficos eram direcionados para o planejamento e reconhecimento de territórios, com foco na apropriação de espécies a serem levadas para as nações ricas da Europa, em uma tentativa de propagar a diversidade vegetacional no velho mundo. Piso concentrava-se nessa fase.

– As grandes viagens dos naturalistas: Humboldt (1810), Saint-Hilaire (1816) e Martius (1817) preocupavam-se em descrever e mapear a distribuição das espécies formulando as primeiras comparações e taxonomias – séculos XVIII e XIX.

– Sistematização de técnicas e teorias: período que contempla os séculos XIX até XXI. Os sistemas de classificações são aprimorados e servem de norte para as descrições e comparações vislumbradas nas diferentes regiões do globo terrestre. O caráter científico está fundado pelo uso de técnicas sistematizadas e teorias.

Com a cronologia, pode-se compreender que a Fitogeografia é um conjunto integrado de disciplinas botânicas, responsáveis pelos estudos integrados da vegetação, da flora e da ação do meio sobre as plantas (Rizzini, 1976; Pinto *et al.*, 2022). A Fitogeografia enquanto disciplina foi engrandecida por Braun-Blanquet (1950), botânico que propôs o sistema de classificação da vegetação correlacionando componentes florísticos, ambientais e as ações antrópicas (Fernandes, 2007; Pinto *et al.*, 2022).

A Fitogeografia como conhecimento científico sistematizado pode ser dividida em quatro grandes focos de investigação: Fitogeografia Ecológica, Fitogeografia Genética, Fitogeografia Paleontológica e Fitogeografia Florística.

Segundo Fernandes (2007), e adaptação de Mueller-Dombois e Ellenberg (1974):

**a) Fitogeografia Ecológica:** tem como abrangência de estudo as funções ecológicas dos seres nas suas condições de campo e dentro de suas comunidades; investigação da história da vida das espécies ou dos ecotipos; análise da estrutura e função da população; variações genéticas e suas respostas em comunidade. Para vencer esses focos de investigação, a Fitogeografia Ecológica é subdividida em áreas: Autoecologia, compreendendo fisiologia, ecologia e ecologia das populações; Demoecologia, voltando-se para a ecologia das populações; e Sinecologia, que consiste na ciência do *habitat* e na pesquisa em ecossistema.

**b) Fitogeografia Genética:** objetiva estudar a origem das plantas de cada região e no mundo por meio das variações genéticas.

**c) Fitogeografia Paleontológica:** os vegetais fósseis são alvo de estudo buscando compreendê-los a partir da história e de seu desenvolvimento em relação às populações e às respectivas comunidades.

**d) Fitogeografia Florística:** busca identificar e compreender a distribuição e a história dos aspectos florísticos de cada região com suas respectivas relações evolucionárias.

O esquema a seguir (Figura 3.2) evidencia as ramificações atuais da Fitogeografia, que servem para direcionar os estudos e possibilitar que uma maior integração seja operacionalizada:

Figura 3.2 – Ramificações da Fitogeografia

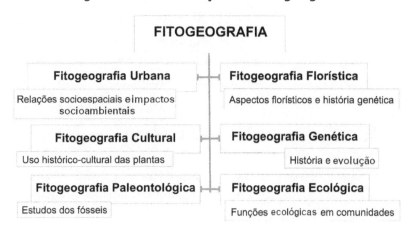

Fonte: A autora (2023) Adaptado de Pinto et al., (2022).

Na atualidade dos impactos socioambientais, convocam-se estudos que tratam dos problemas urbanos que se alastram e pressionam os ecossistemas naturais. Assim, autores como Silva-Junior (2015) e Siqueira (2005) discutem a necessidade de uma **Fitogeografia Urbana** que tenha um olhar voltado para áreas que na história naturalista da Biogeografia foram ignoradas e/ou deixadas para outras sub-ramificações da Geografia.

O estudo das vegetações em meio urbano, ou áreas antropizadas, corrobora para a análise acerca de novos processos biogeográficos de cosmopolitismo, vicariância e endemismo. Os métodos e as técnicas contam com trabalho de campo e identificação de espécies exóticas e nativas que possam ser mapeadas e relacionadas com outros aspectos do espaço geográfico, a fim de reconhecer a adaptabilidade, a resiliência às pressões antrópicas (Silva-Junior, 2005; Pinto *et al.,* 2022).

Há também estudos que se voltam para a compreensão histórico--cultural das plantas, ou de uma **Fitogeografia Cultural**, algo que no território brasileiro faz parte da vida de inúmeras pessoas, independente das fronteiras do urbano e do rural. A tradição nos cuidados com a saúde humana, advindos do uso de plantas, raízes, caules, frutos e folhas, tem sido estudada por pesquisadores de diversas áreas – Antropologia, Sociologia, Saúde Coletiva, Geografia, História etc. –, que buscam na Biogeografia e na Biologia essa compreensão ampla. Nesta perspectiva, é importante compreender a fusão de conhecimentos entre os povos originários, não apenas do Brasil, mas da América Latina inteira, com os africanos, os orientais e os europeus.

## 3.2 Distribuição, escalas e diversidade fitogeográfica

A Fitogeografia brasileira é complexa e ampla, isso se deve à extensão territorial do Brasil, que propicia regimes e condições atmosféricas diversas, contraditórias e singulares. Assim, são necessárias a identificação e a espacialização fitogeográfica por regiões (Figura 3.3) para a compreensão da grande diversidade florística, genética, paleontológica e ecológica brasileira.

## 3. FITOGEOGRAFIA E ZOOGEOGRAFIA DO BRASIL

Figura 3.3 – Mapa fitogeográfico regional

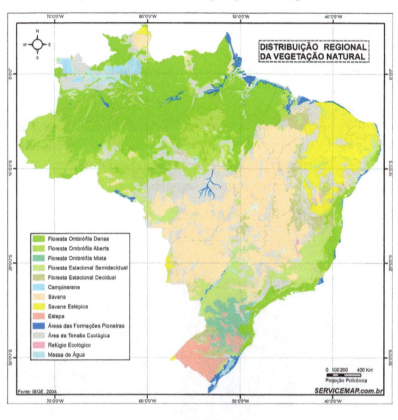

Fonte: IBGE (2007).

As tipologias que aparecem no mapa advêm da identificação fisionômica dos tipos de vegetações. Fisionomia refere-se à aparência e às características externa e de estrutura vertical da vegetação. As tipologias ajudam a descrever as características fisionômicas e de formação (climática, geomorfológica e pedológica).

Por exemplo, conforme o site Manejo Wikidot (2022, p. 31):

• **Floresta Ombrófila** – significa floresta "amiga das chuvas", o mesmo que pluvial, de origem latina, caracterizada por uma formação vegetal que depende dos regimes de águas pluviais abundantes e constantes.

• **Floresta Estacional Semidecidual** – sua vegetação é formada condicionalmente pela dupla estacionalidade climática: uma tropical com época de intensas chuvas de verão, seguida por estiagem acentuada, e outra subtropical sem período seco, mas com seca fisiológica provocada pelo intenso frio do inverno, quando parte da vegetação perde suas folhas. Ocorre em várias regiões do Brasil.

Importante ressaltar que as vegetações apresentam-se classificadas em produtos cartográficos de acordo com a ideia categórica dos biomas (Figura 3.4, Tabela 3.1), ou seja, a classificação está estreitamente relacionada às faixas de latitude, por conseguinte, aos aspectos climáticos.

Figura 3.4 – Biomas brasileiros do IBGE

Fonte: IBGE (2007).

## 3. FITOGEOGRAFIA E ZOOGEOGRAFIA DO BRASIL

Tabela 3.1 – Áreas de cada bioma, segundo o IBGE

| BIOMAS CONTINENTAIS BRASILEIROS | ÁREA APROXIMADA (KM2) | ÁREA/TOTAL BRASIL |
|---|---|---|
| Bioma AMAZÔNIA | 4.196.943 | 49,29% |
| Bioma CERRADO | 2.036.448 | 23,92% |
| Bioma MATA ATLÂNTICA | 1.110.182 | 13,04% |
| Bioma CAATINGA | 844.453 | 9,92% |
| Bioma PAMPA | 176.496 | 2,07% |
| Bioma PANTANAL | 150.355 | 1,76% |
| Área total do BRASIL | 8.514.877 | |

Fonte: IBGE.

Contudo, há outras possibilidades de classificação, como as ecorregiões – unidades geográficas de planejamento para a conservação –, que serão discutidas no próximo capítulo; ou ainda os Domínios Morfoclimáticos e Fitogeográficos, angariados por Aziz Ab'Saber nos anos 1970.

Os Domínios Morfoclimáticos e Fitogeográficos são compreendidos como um espaço geográfico natural com extensões subcontinentais com predomínio de um determinado bioma, apresentando características morfológicas, climáticas e fitogeográficas semelhantes.

A distribuição desses domínios é identificada por meio da junção de vários elementos, conforme Ab'Saber pontuou em seus escritos, sendo eles: relevo – *morfo*; clima – *clima*; vegetações – *fitogeográficos*, com condições climático-hidrológicas para formação de complexos fisiográficos e biogeográficos homogêneos e extensivos. Assim, considerar esse tipo de classificação é considerar a integração de mais informações que compõem as paisagens.

Conforme Ab'Saber, o Brasil possui seis grandes domínios, sendo eles:

1. Domínio das Terras Baixas Florestadas da Amazônia (Bioma Amazônia, para o IBGE): região em geral coberta por um "mar" de nuvens

baixas cheias de umidade. Nas terras baixas possui pontos mortos de drenagem com vitórias-régias e igapós. Nas altas encostas há os quadros de exceção formados por densas matas de encosta (Ab'Saber, 2003).

2. Domínio das Depressões Interplanálticas Semiáridas do Nordeste (Bioma Caatinga, para o IBGE): área de fraca decomposição de rochas e mares de pedras aflorando no meio da vegetação das caatingas. Irregularidades de precipitações com eventuais anos secos e formação de brejos em microrregiões úmidas e florestadas (Ab'Saber, 2003).

3. Domínio dos "mares de morros" florestados (Bioma Mata Atlântica, para o IBGE): área que contempla o Brasil Tropical Atlântico com florestas tropicais recobrindo níveis de morros costeiros, escarpas terminais – Serra do Mar – e bosques de araucária em altitude. Mares de morros alternados com "pães de açúcar" em regiões costeiras ou interiores. É o domínio que apresenta maior complexidade em relação às ações antrópicas degradantes (Ab'Saber, 2003).

4. Domínio dos Chapadões Centrais recobertos de Cerrados e penetrados por florestas-galeria (Bioma Cerrado, para o IBGE): área de grandeza espacial longitudinal planáltica com maciços e solos de fraca fertilidade. Vegetações de capões e sinais de flutuações climáticas. Possui sítios de águas termais e enclaves de matas em machas de solos ricos com nascentes e olhos d'água (Ab'Saber, 2003).

5. Domínio dos Planaltos de Araucárias (Bioma Mata Atlântica, para o IBGE): área sujeita a climas subtropicais úmidos de planaltos com invernos brandos. É marcado por grandes diferenças pedológicas e climáticas em relação aos outros planaltos do centro-sul do país (isso se deve ao envelhecimento das massas de ar polar atlânticas que baixam as temperaturas). A vegetação predominantemente de pinheiros de araucária é a menos "tropical" do país pela ausência de matas pluviais densas e biodiversas (Ab'Saber, 2003).

6. Domínio das Pradarias Mistas do Rio Grande do Sul (Bioma Pampas, para o IBGE): área de zona temperada cálida, subúmida e sujeita a estiagens. Formada por campos pastoris, possui drenagem perene com terrenos sedimentares (Ab'Saber, 2003).

Os domínios (Figura 3.5) devem ser vislumbrados como grandes polígonos que possuem uma área central – área *core* – com certa dimensão e arranjo em que as condições fisiográficas e biogeográficas formam um complexo relativamente homogêneo e extensivo que expressa características regionais únicas (Ab'Saber, 2003).

Figura 3.5 – Mapa dos domínios morfoclimáticos

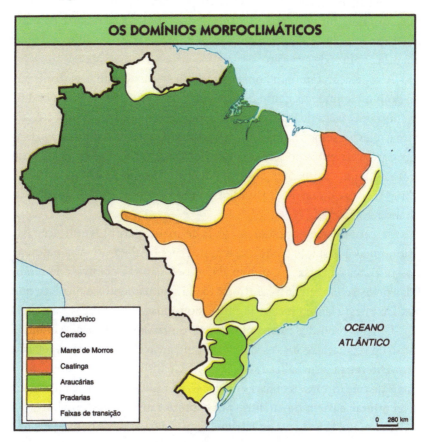

Fonte: Ab'Saber (1982).

Os polígonos formados pelos domínios morfofitogeográficos não são perfeitos em suas áreas de contato, já que as condições de clima, relevo, solo, fauna vão se alterando conforme ganham extensão no Brasil. Assim, Ab'Saber considerou a existência de faixas de contato e transição, que são os quadros de exceção que rompem com a delimitação "perfeita" de um domínio.

Atentar-se para esse ponto é atentar-se para a compreensão de que os tipos de vegetações, apesar de muitas vezes estarem distantes uma das outras, podem possuir características em comum. A exemplo, Ab'Saber considerou que os três domínios – Mares de Morros, Cerrado e Caatinga – possuem geomorfologias parecidas, o que explica possuírem uma estrutura complexa formada por uma área core e faixas de transição e contato, que ora vão se interpenetrar, ora vão se diferenciar e ora vão se misturar criando as áreas de exceção.

A vegetação também conseguirá indicar a extensão e as fronteiras do domínio climático, como é o caso da Caatinga. Até onde for possível encontrar as faces de suas espécies, será possível encontrar aspectos de clima, relevo e solos semiáridos. Para se ter mais certeza sobre essa extensão, outros atributos podem ser considerados, como o uso de isoietas de 750 a 800mm – formam um bolsão envolvendo o sertão (do nordeste de Minas Gerais e o vale médio inferior do São Francisco até o Ceará e o Rio Grande do Norte).

Percebe-se que a questão da escala de análise para a identificação das fisionomias é bastante complexa e nunca será perfeita, afinal, a natureza possui escalas diversas e complexidades que não são possíveis de serem lidas pelos seres humanos. Entretanto, há equipamentos e técnicas que auxiliam nessa leitura escalar das fitofisionomias.

Um dos produtos cartográficos mais utilizados em relação à identificação de vegetação e suas escalas de abrangência é o Índice de Vegetação com Diferença Normalizada (NDVI). Esse índice pode ser aplicado a partir de três formas/técnicas: utilização de radiômetros de campo; por nível orbital, a partir de satélites; por captura a nível terrestre/aéreo.

Por meio de imagens de satélite (Figura 3.6), o verde das vegetações é capturado, possibilitando estimar a densidade de cada composição. São consideradas duas bandas do espectro eletromagnético das plantas, captadas por sensores – o espectro do infravermelho próximo (NIR), que está relacionado com a estrutura celular das plantas, e o infravermelho visível (RED), região do espectro de grande absorção pela clorofila. O cálculo é composto por: $NDVI = NIR\text{-}red/NIR\text{+}red$, onde, NIR é a luz refletida na faixa infravermelha do sensor, e red é a luz refletida na faixa vermelha.

Figura 3.6 – NDVI por imagem de satélite e bandas

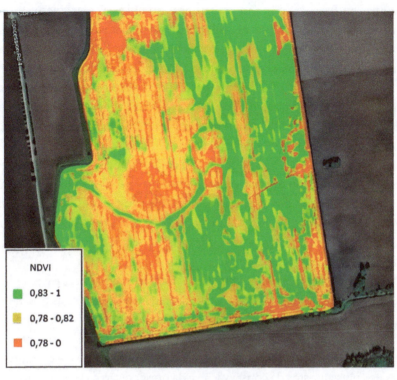

Fonte: DIGIFARMZ.

O índice varia de −1 a +1, considerando que valores negativos indicam, principalmente, a presença de nuvens, água e neve, e valores próximos a zero indicam, principalmente, presença de rochas e solo descoberto. Já os valores moderados (de 0,2 a 0,3) representam arbustos e prados, enquanto grandes valores (de 0,6 a 0,8) indicam florestas temperadas e tropicais (EOS Data Analytics, 2022, p. 69).

Tais técnicas auxiliam nas pesquisas acerca dos impactos socioambientais causados pelos seres humanos e suas atividades poluidoras. Com isso é possível adentrar perspectivas diversas que contemplam as outras sub-ramificações das fitogeografias, como a fitogeografia urbana e a cultural.

Estudos como o de Dias (2021), *Alternatividades nos cuidados à saúde humana*, e o de Abreu (2008), *Avaliação da escala de influência da vegetação no microclima por diferentes espécies arbóreas*, são exemplos dessas aplicações.

A primeira autora, Dias (2021), faz uma análise sobre o uso das fitoterapias no Brasil e no mundo, identificando políticas e normativas que garantem o uso e a manipulação de suas propriedades para fins medicinais. Ademais, o estudo indica que elas existem independentemente da área a ser mais urbanizada ou não, o que nos leva a considerar que os conhecimentos tradicionais para os cuidados com a saúde humana persistem em meio ao mundo globalizado e intensificado. O papel da vegetação extrapola-se, além de necessitarmos delas para conforto térmico, sensação de bem-estar físico-psíquico e filtragem do ar, elas também são medicinas.

Já Abreu (2008) faz análise detalhada de algumas espécies arbóreas localizadas em meio urbano estimando o quanto esses indivíduos conseguem amenizar o desconforto térmico causado pelas ilhas de calor na cidade. O estudo indica espécies promotoras de mais conforto e locais em que, mesmo com a presença das espécies, o bolsão de poluição intensifica poluentes e baixa a qualidade do ar.

Por fim, com o breve percurso histórico, teorias, autores e exemplos que contemplam a Geografia das plantas, intentou-se expor as possibilidades existentes para o estudo desse importante campo do conhecimento subjacente à grande área da Biogeografia. As possibilidades apresentadas fornecem espaço para avanços teóricos e metodológicos, desde que apoiados nos pressupostos da conservação e da preservação da biodiversidade, necessários e imprescindíveis para a persistência da fitogeografia.

## 3.3 Zoogeografia: investigação da distribuição, da migração, do endemismo e da adaptação das regiões brasileiras

O conhecimento zoogeográfico é campo aberto e desafiador de pesquisas e teorias, isso se deve à difícil delimitação da distribuição dos animais nos territórios. Eles raramente estão compreendidos dentro das fronteiras políticas dos países, o que promove uma série de categorizações, por vezes, díspares, e tentativas de aproximação pelos estudiosos.

Além desse percurso tortuoso, Marques Neto (2022) indica que os estudos com foco na zoogeografia não são comuns dentro da Geografia e da Biogeografia, e isso se deve à agilidade inerente à fauna somada às dificuldades de observação de táxons, sua espacialização e ordenação.

## 3. FITOGEOGRAFIA E ZOOGEOGRAFIA DO BRASIL

Assim, os estudos biogeográficos que se especializam na compreensão sobre a fauna ainda são incipientes, necessitando de estudiosos que façam os diálogos necessários para o avanço técnico e científico da área.

Balcells (1991) coloca que a zoogeografia se encarrega de estudar as características faunísticas das paisagens e regiões, investigando a evolução e as dinâmicas atuais das áreas de distribuições dos animais, assim como suas relações recíprocas entre essas mesmas áreas e a espécie humana. Com isso, estabelece-se um elo entre a Geografia e a Zoologia.

A presença dos animais em determinados territórios acontece por três razões: histórica, ecológica e genética (Balcells, 1991) que também são eixos de investigação, permitindo uma melhor assimilação acerca dos movimentos, das permanências e das vivências da fauna no planeta.

Barth (1962) e Balcells (1991) elucidam as grandes áreas de investigação e métodos utilizados dentro da Zoogeografia – a zoogeografia comparada, a causal, a ecológica –, além dos conhecimentos históricos, experimentais e aplicados.

- **Zoogeografia comparada** – busca compreender, por meio de estudos comparativos, os processos e fenômenos que implicam/implicaram a distribuição atual e anterior, investigando fatos do presente e do passado.
- **Zoogeografia causal** – busca identificar o porquê da distribuição dos animais.
- **Zoogeografia ecológica** – busca explicar a distribuição dos animais com base nas relações que eles possuem com o entorno. Para isso, faz-se uso da valência ecológica – conjunto de recursos bióticos próprios, e, portanto, específicos, que permitem a sobrevivência dos representantes da espécie estudada – dos táxons (espécie, subespécie, população), investigando os multifatores ambientais.
- **Zoogeografia histórica** – busca explicar as atuais áreas de distribuição e concentração baseando-se em informações (origem e evolução) já conhecidas. Faz-se uso de dados paleoclimáticos e paleológicos.
- **Zoogeografia experimental** – desenvolve métodos empíricos para analisar dados concretos de distribuição e de possíveis hipóteses acerca

da dispersão passiva dos organismos, relacionando com a corologia descritiva e o estudo ecológico.

• **Zoogeografia aplicada** – apoia-se nos conhecimentos e métodos da Zoogeografia causal e experimental para compreender espécies parasitas; vetores de enfermidades; espécies de importância econômica, incluindo a domesticação e o estudo de pragas; indicadores de contaminação; e a distribuição dos organismos em meio urbano.

Apesar das fragmentações supracitadas, ambos os autores indicam que apenas a Zoogeografia comparada e a Zoogeografia causal apresentam métodos e epistemologias próprias de investigação, colocando as demais como vertentes e especialidades advindas destas.

Os estudos zoogeográficos também vão ser fortalecidos pelo emprego de técnicas cartográficas, pelo uso de sensoriamento remoto, pelos estudos de modelagens e trabalhos de campo e gabinete.

Para iniciar um percurso de investigação e pesquisa em Zoogeografia, é preciso, segundo Marques Neto (2022), realizar a observação direta da fauna considerando estações do ano distintas, já que o comportamento das espécies será de acordo com esses contextos; levantamento de inventários prévios, como históricos de pesquisa, bibliotecas públicas, centros de pesquisas, relatos etc.; e observações indiretas, normalmente em campo, para identificar excrementos, rastros, hábitos, ossadas.

No gabinete, o trabalho deve ser de exploração e investigação de informações com bases de dados sobre o contexto paisagístico da área de estudo, considerando elementos e fatores naturais (hídricos, climáticos, geológicos, pedológicos, vegetacionais); e elementos e fatores antrópicos (uso e ocupação da terra, atividades industriais, urbanas, fontes de emissões etc.), ou seja, todas as informações que possam contribuir para a consolidação de cenários plausíveis para a existência, ou não, dos biótopos.

## 3.4 Distribuição, escalas e diversidade zoogeográfica

Para compreender a distribuição dos animais, é preciso ter como suporte áreas de estudo bem delimitadas segundo critérios plausíveis e concordantes com o objeto de pesquisa. As regionalizações naturais, como os reinos zoogeográficos do planeta (Figura 3.7) e as províncias zoogeográficas, são exemplos dessas delimitações e foram estabelecidas com base em variáveis importantes e fundamentais para a leitura do sistema natural do planeta.

Figura 3.7 – Reinos zoogeográficos do planeta

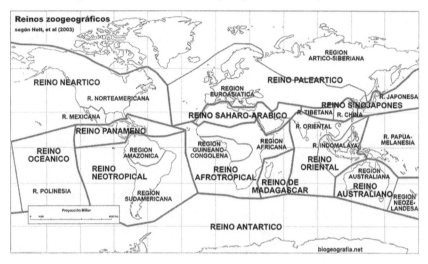

Fonte: Holt *et al.* (2013).

No caso dos estudos com foco na Zoogeografia, a fauna é a grande reveladora dos indicativos essenciais para a compreensão das paisagens, formas, estruturas e funções, possibilitando a percepção acerca da história evolutiva, das gêneses e das permanências

Barth (1962), zoólogo e meteorologista alemão e radicado no Brasil, apresenta alguns estudiosos que se dedicaram à construção de hipóteses acerca da distribuição dos animais nos diversos territórios do planeta, são eles: Burmeister, Goeldi, Hermann e Rudolf Von Ihering, Pelzeln, Melo Leitão, Cabrera et Yepes, entre outros.

Especificamente para o Brasil, a delimitação geográfica dos animais segue a divisão biogeográfica proposta pelo paleontologista George Gaylord Simpson. Em 1943, o estudioso segmentou o mundo em três reinos: *Neogaea*, *Palaegaea* e *Arctogaea*.

*Neogaea* era a divisão do mundo que incluía a maioria dos trópicos e subtrópicos, contemplando a região Neotrópica, que engloba as Américas Central e do Sul, bem como partes do sul do México e do sul da Flórida, ou, conforme figura supracitada, a região Amazônica e região sul-americana.

Marques Neto (2022) explica que a grande região Neotrópica se separou de uma sub-região chamada Andina, contemplada à faixa de dobramentos cenozoicos na margem oeste ativa da placa sul-americana. Essa sub-região desmembrou-se em províncias zoogeográficas que acabaram por encerrar determinados processos de suma importância para a investigação da distribuição dos animais: estrutura e funcionalidade.

Seguindo a categorização, o Brasil pertenceria à sub-região Brasiliana da região Neotrópica, que é ampla e contempla outros territórios estrangeiros.

Definiu-se, assim, que a sub-região Brasiliana compreende e ultrapassa os limites políticos do Brasil, chegando a Colômbia, Venezuela, Tobago e Trinidade, Guianas, Equador, Peru e Bolívia, todo o Paraguai, todo o Uruguai e os territórios de Misiones, Formosa e Chaco, na Argentina. E é esse território que será estudado por pesquisadores da Zoogeografia, caso de Melo Leitão, em 1947.

A questão é que, para essa delimitação acontecer, os estudiosos consideraram observações e exemplares de espécies que definissem as províncias de distribuição, como é o caso das cinco províncias descritas por Cabrera et Yepes, em 1940, de acordo com a área de abrangência dos mamíferos; ou, ainda, Bauman, com a contribuição das coletas de anfíbios de Goeldi, que concluiu que o Brasil possui sete zonas, e não apenas cinco; como também Melo Leitão, grande estudioso dos animais no Brasil, considerou, assim como Cabrera et Yepes, cinco províncias, baseando-se no estudo de várias ordens de Arachnida e da família Proscopiidae dos ortópteros, formas típicas da nossa fauna (Barth, 1962). Já Hermann von Ihering, ao estudar as aves, distinguirá três territórios com duas subdivisões; Rudolf von Ihering, estudando também a avifauna, dividiu a sub-região em seis províncias, sendo elas: a Amazonas; a região sul do Pará; o sertão do noroeste; o interior dos estados do sul; a zona litoral norte; a zona litoral sul (Barth, 1962, p. 79).

Para a sistematização dessas informações e melhor acompanhamento dos processos inerentes à fauna, a Zoogeografia no Brasil segue a delimitação das chamadas províncias zoogeográficas, localizando-se na sub-região Brasiliana, com cinco províncias, descritas a seguir:

**1. Caribe** – compreende a porção baixa da Colômbia, voltada para o mar das Antilhas, quase toda a Venezuela (exceto apenas o ramo da Cordilheira dos Andes Orientais Colombianos, que forma a Serra de Merida) e as Guianas até os contrafortes das serras Parima, Roraima e Tumucumaque, com as bacias do Madalena, do Oiapoque e dos pequenos rios que deságuam no mar Caribe, do Essequibo até o Oiapoque (Barth, 1962, p. 82).

**2. Amazônica ou Hileia** – compreende toda a bacia do Amazonas e a do Tocantins, assim como a do Mearim, sendo limitada ao sul por uma linha recortada, com transgressões de matas e savanas e a leste pela selva monótona dos cocais, abrangendo os territórios do Amapá, do Rio Branco, do Acre e do Guaporé, estados do Amazonas e do Pará, porção amazônica da Colômbia, do Peru, do Equador e da Bolívia, oeste do Maranhão, norte de Goiás e de Mato Grosso (Barth, 1962, p. 82).

**3. Cariri-Bororo** – forma larga faixa de campos e savanas, com os bosques abertos das caatingas e dos cerrados, e do Chaco, estendida entre as bacias do Amazonas e do Prata, desde os estados do Nordeste, da porção oriental do Maranhão até Sergipe e norte da Bahia, a leste, até o Chaco boreal; compreende as bacias do São Francisco e do Parnaíba, do alto Paraguai e alto Paraná, e inclui parte do Maranhão, Piauí, Ceará, Rio Grande do Norte, Paraíba, Pernambuco, Alagoas, Sergipe, norte e oeste da Bahia, norte e oeste de Minas Gerais, sul de Goiás e Mato Grosso, território de Ponta Porã, norte do Paraguai, oeste da Bolívia (Barth, 1962, p. 82).

**4. Tupi** – forma uma faixa litorânea, mais larga ao norte, estreitando-se gradativamente para o sul, para terminar em ponta no sul de Santa Catarina, compreendendo as matas costeiras e das bacias dos Rios de Contas, Jequitinhonha, Doce, Paraíba do Sul e toda a região a leste dos contrafortes das Serras do Espinhaço e do Mar, desde o Recôncavo até Torres (Barth, 1962, p. 82).

**5. Guarani** – pelo espigão da Serra do Espinhaço, prolonga-se em cunha entre a Tupi e a Cariri-Bororo, com a qual se limita em toda sua extensão norte, desde mais ou menos o meridiano 42° W até as nascentes do Pilcomayo, na Bolívia; todo o seu limite oeste coincide com o das sub-regiões Andino-Patagônica e Brasiliana, desse ponto até o oceano; compreende a parte oriental e o sul de Minas Gerais, a quase totalidade dos estados de São Paulo, Paraná, Santa Catarina, Rio Grande do Sul, o território de Iguaçu, o Uruguai, o sul do Paraguai, a porção mesopotâmica argentina e o chaco – argentino e boliviano (Barth, 1962, p. 83).

As regiões zoogeográficas delimitadas por Holt *et al.* (2013) seguem a sistemática e os exemplares observados de fauna, em que a região neotrópica e especificamente a parte norte amazônica e a porção leste sul do Brasil apresentam uma diversidade extremamente rica de espécies de insetos (cerca de 2,5 milhões), mamíferos e anfíbios (mais de 500), aves (mais de mil e 20% das espécies mundiais encontram-se nessa região), répteis (mais de 300) e peixes (mais de 2.500).

O ponto de atenção está em considerar que as delimitações podem auxiliar, ou não, na identificação das espécies, não há como garantir em plenitude as delimitações, que determinará o sucesso da pesquisa. Assim, para as delimitações zoogeográficas, deve-se considerar uma sistemática e um número adequado de exemplares que justifiquem a fixação dos limites e ofereçam uma fisionomia geral da região investigada, haja vista que os animais respondem aos dinamismos presentes no meio ao qual estão sujeitos, promovendo migrações e/ou permanências que fogem dos métodos identificatórios dos estudiosos.

Autores como Marques Neto (2022) desenvolvem estudos que buscam comparar aderências e incongruências espaciais presentes entre as províncias zoogeográficas e outras regionalizações categóricas (Figura 3.8) que se pautam nos ambientes naturais, como: domínios morfoclimáticos, regiões biogeográficas, macroespaços agroecológicos, compartimentação morfotectônica etc.

Especificamente em seu estudo sobre a composição da mastofauna, o autor se propôs a desvelar elementos da natureza neotropical a partir da organização faunística, tomando como táxon de referência a classe dos mamíferos. Apoiando-se em um inventário com a compilação da totalidade das espécies encontradas em seis províncias analisadas (Hileia, Bororó, Cariri, Tupi, Guarani e Pampa), gerou cálculos de similaridade e correlação.

## 3. FITOGEOGRAFIA E ZOOGEOGRAFIA DO BRASIL

Figura 3.8 – Relações espaciais entre as províncias zoogeográficas e os domínios de Ab'Saber

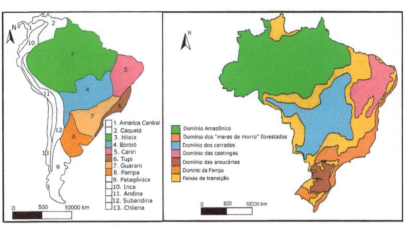

Fonte: Marques Neto (2022, p. 21).

Perceba que as delimitações não compreendem os limites territoriais oficiais e nem seguem as segmentações/regionalização clássicas propostas por Aziz Ab'Saber e seus domínios morfoclimáticos. Há sobreposições, total ou parcial, entre as faixas de transição e as províncias Hileia, Pampa, Tupi, Bororó e Guarani. O autor considera que as províncias zoogeográficas possuem seus limites "truncados", por não considerarem as faixas transicionais que sugerem assim a continuidade da biota das florestas, das matas, dos biomas.

Mas, apesar desses detalhes de sobreposição, a importância de compreender os aspectos zoogeográficos a partir de uma leitura espacial dos processos e fenômenos ambientais é fundamental para a percepção interescalar das mudanças e dos impactos em curso (Marques Neto, 2022).

Além das delimitações, necessárias para as investigações em zoogeografia, devem-se considerar os processos tradicionais da Biogeografia, como a especiação (formação de novas espécies), a vicariância (distribuição contínua das espécies torna-se fragmentada), a dispersão (saída do local de nascimento para locais novos) na observação da fauna.

Vanzolini (1992) considera que os estudos que se voltam para essas indagações da área da Biogeografia dependem, na prática, de duas condições iniciais: conhecimento da sistemática do grupo e escolha de áreas de trabalho.

Para isso, algumas técnicas são necessárias. Rocha (2011) indica, para os estudos sobre a fauna, técnicas de reconhecimento e amostragem de espécies com foco na obtenção de informações que são necessárias por serem capazes de promover um diagnóstico e uma valoração de recursos faunísticos.

Ademais, deve-se considerar todo o percurso histórico documental existente para as áreas de estudo, levando em conta relatos de viagens dos primeiros exploradores naturalistas, coleções de museus zoológicos, observação visual em campo, registro de hábitos, sons, comportamentos, captura, marcação, recaptura e soltura, armadilhas fotográficas etc.

Por fim, há de corroborar com o que diversos autores (Marques Neto, Vanzolini, Camargo e Troppmair) têm pontuado: no Brasil existe um esvaziamento de pesquisa e estudos zoogeográficos, indicando a necessidade de mais discussões acerca das possibilidades e definições que possam fortalecer o campo de estudo, como forma a promover uma maior consolidação dentro da Biogeografia.

Além disso, Lozano Valencia (2000) e Marques Neto (2022) são categóricos ao exporem que a fauna é dependente de todos os elementos do sistema natural, e, por isso mesmo, deve ser estudada e considerada como um indicador sensível de mudanças, processos e variável importante para a diferenciação de áreas.

# 4

# Geoecologia das Paisagens

A BIOGEOGRAFIA, COM SEUS ESTUDOS de reconhecimento sobre os aspectos de gênese e permanência da vida na Terra, busca como fim primário a preservação da fauna e da flora, esforçando-se para que os impactos socioambientais sejam denunciados e evitados. Essa posição é também um caminho para um fazer ecológico com foco na conservação e preservação da natureza.

A bandeira que ela hasteia tem sido a das interações ecológicas, somente possíveis se considerar o *eco* enquanto lócus e o *todo* como sistema integralizado de processos e dinâmicas indissociadas, ou seja, a defesa de uma perspectiva sistêmica para identificação e diagnóstico de todos os processos que constituem a teia, ou rede, da vida.

Por meio da Geoecologia das Paisagens, amplamente estudada e divulgada por pesquisadores das mais diversas áreas do conhecimento, a biogeografia é colocada em prática por estudos biofísicos de herança mais naturalista, e por estudos que percebem as marcas dos seres humanos e suas dinâmicas, de ordem sociocultural.

Assim, a Geoecologia das Paisagens deve ser compreendida como teoria e método que tem como principal categoria de análise a paisagem, com a finalidade de ser contexto integrado da Geografia com a Ecologia.

## 4.1 Interações ecológicas da Geoecologia: o pensamento sistêmico dos ecossistemas e geossistemas

A abordagem ecológica é a principal corrente e perspectiva téorico-metodológica utilizada para os estudos biogeográficos. Exercer as interações ecológicas como perspectiva de análise e estudo nos leva a pensar nos pressupostos da ciência "moda" Ecologia (Mendonça, 1993), que ajudou a transformar a visão cartesiana da ciência amplamente executada nas sociedades.

A ideia de ecologia remonta aos estudos de Haeckel, em 1866, sendo o primeiro a considerar a interação dos organismos com o *habitat* físico e químico. Entretanto, seus estudos, assim como seus contemporâneos da Idade Moderna, não auxiliaram na criação da Ecologia como uma ciência, abrindo caminho para que outros estudiosos, mais tarde, concretizassem métodos e teorias. Caso da concepção fundada por Tansley sobre os ecossistemas – conceito central da Ecologia – já no século XX e, mais adiante, estudos de Sotchava, sobre os Geossistemas – conceito e método, amplamente utilizado na Geografia. Os dois teóricos contribuíram para a formação de uma sensibilidade mais aguçada para os processos naturais e antropizados que o espaço geográfico, independentemente de onde seja, impõe às espécies e aos biomas, sendo assim, de interações ecológicas.

Ambos os conceitos se fartam da chamada Teoria Geral dos Sistemas (TGS), consolidada pelo biólogo austríaco Ludwig von Bertalanffy, na década de 1930, que buscou compreender a dinâmica dos fluxos de matéria e energia da natureza, até então apenas estudados de forma fragmentada dentro do modelo cartesiano. Por meio do pensamento sistêmico, revela-se que os sistemas vivos não podem ser compreendidos se forem repartidos e analisados de forma fragmentada – algo comum no pensamento cartesiano – mas, sim, se forem lidos dentro do contexto do todo maior, ou seja, trata-se de um pensamento contextual.

Em termos práticos, o pensamento sistêmico é esquematizado como forma a identificar as inter-relações entre fatores e elementos. A exemplo, o ecossistema será uma unidade (biossistema) que contempla todos os organismos que funcionam em conjunto, em uma dada área, interagindo com o ambiente físico e produzindo fluxos de energia, estruturas biológicas e ciclagem de materiais (Neves *et al.*, 2014).

Ao considerar a perspectiva do ecossistema (Figura 4.1), compreende-se que os organismos biológicos estão posicionados no centro de um sistema que considera intercâmbios de fluxos de energia, matéria e informação (Rodriguez *et al.*, 2022).

Figura 4.1 – Ecossistema

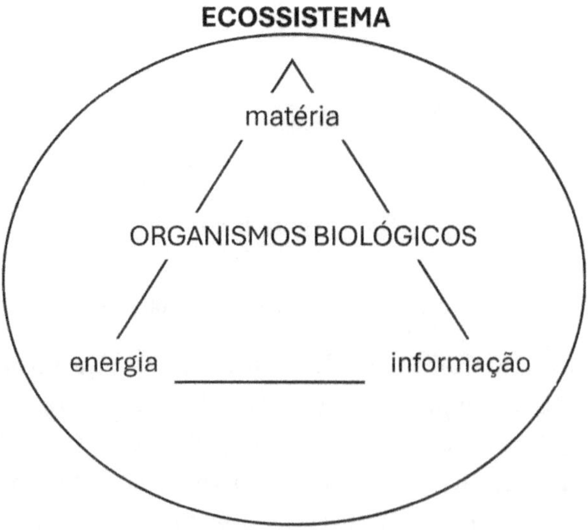

Fonte: A autora (2024).

Dentro da Ecologia, o ecossistema e sua sistemática considerarão apenas organismos biológicos, ou seja, bióticos e abióticos, pouco valorizando a escala e o espaço terrestre. Contudo, os estudos para serem biogeográficos essencialmente devem se preocupar com as escalas de análise e com o local de ocorrência e predomínio.

Assim, a necessidade de investigar e identificar os territórios, palco das interações ecossistêmicas, sobretudo no que tange às dinâmicas do Planejamento e do Ordenamento Territorial e Ambiental, demandou uma ampliação teórica e metodológica do conceito de Ecossistema, chegando ao que conhecemos como Geossistema (Figura 4.2), que pode ser lido como a incorporação do conceito de paisagem aos pressupostos da Ecologia; ou ainda, o espaço terrestre em foco e a análise de todas as dimensões que possibilitam o encontro e o intercâmbio entre os componentes da natureza e a sociedade humana (Rodriguez *et al.*, 2022).

Figura 4.2 – Geossistema

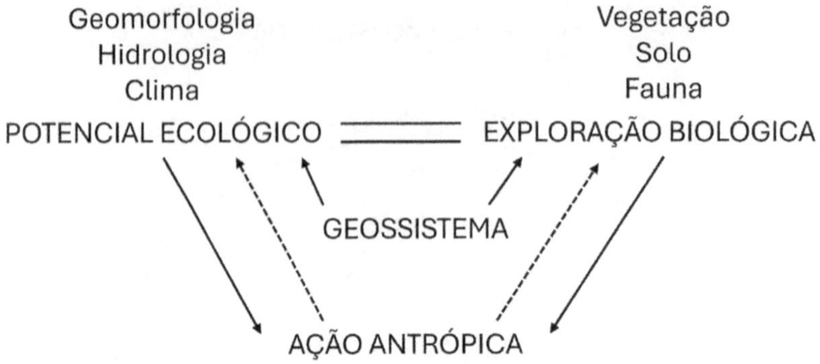

Fonte: Adaptado de Bertrand (2004).

O Geossistema é uma unidade de análise e, também, taxonomia que categoriza a paisagem proporcionada pela dinâmica entre a exploração biológica, a ação antrópica e o potencial ecológico.

O uso da perspectiva geossistêmica visa uma leitura diagnóstica que possibilite a integração das variáveis "naturais" e "antrópicas" – em primeira instância pertencente à etapa análise –, fundindo "recursos", "usos" e "problemas" configurados – presentes na etapa integração –, em "unidades homogêneas" assumindo papel primordial na estrutura espacial – presente na etapa de síntese –, que conduz ao esclarecimento do estado real da qualidade do ambiente – chegando na etapa da aplicação –, do "diagnóstico" (Monteiro, 2000; Neves *et al.*, 2014).

Para os eventos extremos, implicadores da vida salutar no planeta Terra, e especialmente das populações vulneráveis que habitam os territórios de ampla suscetibilidade às injustiças socioambientais, o geossistema é ferramenta de suma importância para a identificação dos problemas e posterior tomada de decisão.

Dentro dos estudos biogeográficos, os geossistemas são utilizados para diversos fins, seja para a delimitação cartográfica de biomas ou ecorregiões (Figura 4.3) – unidade básica para o planejamento das prioridades de conservação da biodiversidade nacional –, ou até mesmo para o estudo de unidades de paisagens – delimitações espaciais, segundo critérios específicos, amplamente utilizados dentro da Geoecologia das Paisagens.

Figura 4.3 – Ecorregiões e biomas do Brasil e da América do Sul

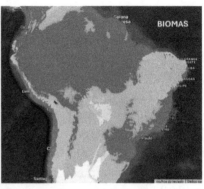

Fonte: Dinerstein *et al.* (2017).

As ecorregiões foram formuladas com o intuito de detalhar mais precisamente as unidades de paisagens, ampliando o detalhamento e as variáveis existentes dentro da concepção de biomas. Assim, para se ter uma ecorregião, deve-se considerar não apenas fatores climáticos e informações sobre vegetações, mas, também, as informações geológicas, geomorfológicas e socioculturais. A proposta possibilita uma melhor gestão e um planejamento de áreas especiais e alvo de conservação e/ou proteção integral.

Elas são definidas como áreas relativamente homogêneas que possuem condições ambientais similares, e sua delimitação é realizada por especialistas que conhecem as especificidades das regiões, e que, somente assim, podem identificar e mapear os organismos bióticos e abióticos.

Contudo, com o avanço das novas tecnologias, o mapeamento e a classificação das ecorregiões já são automatizados por meio da entrada de variáveis preestabelecidas e trabalhadas em ambientes de *machine learning*.

Como resultado, as delimitações são produzidas segundo critérios matemáticos, e, após o crivo do analista, os polígonos são mapeados.

Tais delimitações servem, por exemplo, para modelar os impactos ecológicos das alterações climáticas, para desenvolver planos de conservação à escala da paisagem e para relatar o progresso em direção às metas internacionais para o ambiente natural.

Para o Ministério do Meio Ambiente do Brasil, a principal vantagem para o uso das ecorregiões como unidade biogeográfica está na obtenção de limites naturais bem definidos. Em outras divisões biogeográficas alternativas, como os biomas, as distribuições de espécies e grupos de organismos possuem delimitações grosseiras, sem escalas precisas que são de extrema importância para os estudos de planejamento e ordenamento.

O termo bioma foi proposto pelo botânico norte-americano Frederic Clements, na primeira década do século XX. O estudioso fez uso das contribuições do russo Vladimir Vernadsky que pioneiramente mencionou a camada que recobre o Planeta Terra e possibilita a vida de todas as espécies, a Biosfera. Ao compreender essa camada, Clements analisou que diferentes espécies vivem em áreas complexas e promotoras de fluxos e interações biológicas, físicas e químicas, formulando o complexo chamado bioma.

Os biomas são grandes unidades de paisagem que possuem, ao mesmo tempo, aspectos específicos e diversos. As escalas podem ser pequenas e grandes, dependerá dos padrões de distribuições, dos tipos de espécies, das zonas climáticas e suas variáveis.

Ao comparar as imagens supracitadas, é perceptível que os limites das ecorregiões são mais finos e precisos, estando seus limites alocados dentro dos limites dos biomas. Isso indica que uma grande diversidade de espécies, organismos e processos – mapeados nas ecorregiões –, está presente dentro de uma única unidade analítica (biomas) que generaliza todas as especificidades e diversidade em uma única condição.

Em suma, os biomas são amplamente utilizados para delimitação de grandes áreas, ou bolsões, que possuem características gerais em comum, principalmente as referentes às condições climáticas e às vegetações; já as ecorregiões possuem delimitações mais detalhadas e limites determinados com base em informações climáticas, vegetacionais, de relevo, geologia e ações humanas.

Outra possibilidade de recorte teórico e metodológico para os estudos das interações ecológicas na Biogeografia são as unidades de paisagens (Figura 4.4), amplamente utilizadas na área de Planejamento e Gestão Ambientais.

Figura 4.4 – Exemplo de mapeamento de unidades de paisagem

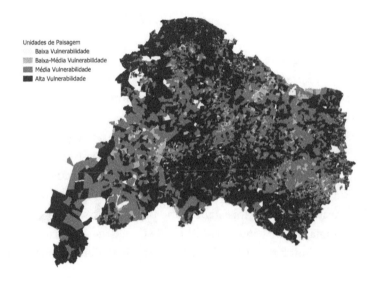

Fonte: Dias *et al.* (2024).

Segundo Nucci (2008), entre os anos de 1945 e 1965, a Ecologia da Paisagem (diferente de Geoecologia da Paisagem, pois considerava a perspectiva do Ecossistema e não dos Geossistemas) desenvolveu um método de classificação de unidades de regiões naturais, tendo como critérios e variáveis de entrada o relevo, o mesoclima, a vegetação e o solo.

De acordo com Gomes Orea (1978) e Nucci (2008), a unidade de paisagem é uma representação externa do ecossistema, que pode ser entendida como uma síntese de numerosas características que se justificam pela relativa homogeneidade estrutural e funcional. Tais características diversas e quantificáveis, por mais que não possam ser cartografáveis, devem estar presentes na mente do estudioso, comum de serem reveladas no trabalho de campo, e que, *a priori,* não haviam sido imaginadas.

De posse de tais categorias de análise – ecorregiões, biomas e unidades de paisagem –, é possível adentrar na profundidade conceitual da Geoecologia das Paisagens, promotora de estudos e investigações que integram tais categorias com o propósito de análise das relações complexas entre os componentes naturais e da inter-relação entre os seres vivos e seu ambiente.

## 4.2 Fundamentos da Geoecologia da Paisagem

A Geoecologia da Paisagem, anteriormente chamada de Ecologia das Paisagens, é uma ciência que tem como propósito analisar as relações complexas entre os componentes naturais e sua inter-relação com os seres vivos e seu ambiente (Faria *et al.,* 2022).

A categoria analítica geográfica paisagem é a grande promotora dos estudos dessa linha. Assegurada pela teoria dos Geossistemas, vista no Capítulo 1, tem sido grande promotora dos estudos geobioecológicos e necessitará de insumos advindos de diversos campos do conhecimento.

Seu caráter científico foi estabelecido por Karl Troll, em 1939, ainda como Ecologia, e, em 1966, pós-influência dos estudiosos russos, principalmente de Sotchava e seus Geossistemas, foi conferida a significação de Geoecologia.

Ela tem por base duas abordagens, a geográfica e a ecológica. Busca-se destacar a influência dos seres humanos sobre a gestão do território e paisagens, assim como investigar o contexto espacial dos processos ecológicos para a conservação da biodiversidade.

Figueiró (2015) indica que essa abordagem visa compreender como se dá a inter-relação entre os aspectos estrutural-espacial com as dinâmicas funcionais das paisagens. Compreende-se que vivemos em um sistema antroponatural formado por elementos naturais e elementos antropotecnogênicos que condicionam e modificam as paisagens naturais originais. O produto dessa relação é o foco de estudo da Geoecologia das Paisagens.

Rodriguez e Silva (2018) colocam que, por meio da Geoecologia, é possível o gerenciamento de diagnósticos acerca das potencialidades e fragilidades das paisagens em meio aos problemas socioambientais, sendo assim, tal teoria/abordagem, na atualidade, é de suma relevância para a leitura e tomada de decisões frente aos riscos e às vulnerabilidades, extremos ou não, vivenciados, sobretudo, em contextos urbanos-regionais.

Como a Geoecologia das Paisagens faz uso da categoria paisagem para suas investigações e base teórica-analítica, suas fontes estão pautadas nos estudiosos alemães. A *Landschaft* já era concebida como conjunto de fatores naturais e humanos, ou seja, indissociáveis, antes mesmo da década de 1940, momento em que a revolução quantitativa ganha força e altera a compreensão sobre a categoria paisagem.

Paisagem, quando colocada em exercício epistêmico, pode ser diluída em três vieses: paisagens naturais, paisagens culturais e paisagens sociais e/ou econômico-sociais. Contudo, tais adjetivações não devem conferir análises díspares, pelo contrário, só se tornam alvo da perspectiva sistêmica se forem combinadas em suas dinâmicas, umas sobre as outras, tornando, assim, a paisagem, um conjunto único e indissociável (Silva, 2012; Bertrand, 2004; Guerra e Silva, 2022).

Rodriguez *et al.* (2022) colocam que as paisagens naturais se referem aos espaços físicos compostos por um sistema de recursos naturais que sustentam as sociedades em um binômio inseparável – sociedade/natureza. Sendo assim, ela é por si um geossistema, e é essencialmente o todo que contempla as inter-relações entre as partes.

As paisagens culturais são resultado da ação da cultura ao longo do tempo por grupos e/ou indivíduos que convivem com as paisagens naturais. Elas são transformadas e vão ganhar estéticas, formatos, significados, de acordo com a cultura imposta.

Carl Sauer, grande estudioso dos aspectos culturais das sociedades, vai indicar que a cultura é o agente, a paisagem natural é o meio, e a paisagem cultural é o resultado dessa relação, objetificando-se como imagem sensorial, afetiva, simbólica e material dos territórios (Beringuier e Beringuier, 1991; Rodriguez *et al.*, 2022).

As paisagens sociais e/ou socioeconômicas possuem notória importância por sua capacidade funcional para o desenvolvimento das ativid des econômicas. Majoritariamente, é o lócus de morada das pessoas que se aglutinam enquanto sociedade, articulando ações e relações sociais, podendo ser chamada também de sistema antropoecológico, espaço social e complexo territorial produtivo (Rodriguez *et al.*, 2022).

Rodriguez *et al.* (2022) corroboram que o caráter dialético sobre a interação entre as condições naturais e a produção social determina os princípios metodológicos da investigação geoecológica da paisagem. E será em razão disso que os três vieses concernentes à categoria paisagem são considerados dentro dos estudos de Geoecologia das Paisagens.

Na prática, exigem-se métodos e teorias que reforcem a abordagem sistêmica, a elaboração de materiais e estudos utilizando os sistemas geoinformativos (Figura 4.5) e, mais atualmente, a utilização de modelos e grandes volumes de dados (*big data*).

O modelo sistêmico da paisagem a seguir indica as entradas e saídas da energia, da informação e da matéria que resultarão em produtos específicos, conforme objeto de estudo e objetivo do investigador.

Figura 4.5 – Modelo sistêmico para a análise da paisagem

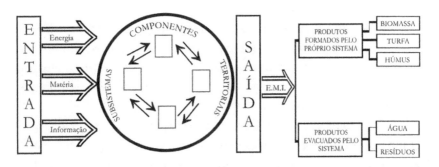

Fonte: Rodriguez *et al.* (2022).

Para ser operacionalizado, deve-se necessariamente possuir um conjunto múltiplo de elementos a serem analisados, indicar relações entre os objetos, os elementos e o meio exterior, e haver uma hierarquia entre os elementos.

Amplamente utilizado dentro da Geografia, da Engenharia Cartográfica, da Engenharia Ambiental e tantas outras, o Sistema de

Informação Geográfica (SIG) auxilia na manifestação territorial, espacial e regional da informação, fazendo parte dos sistemas geoinformativos.

Do inglês *Geographical Information System*, os SIGs surgem na década de 1960, no Canadá, como uma estratégia governamental para a criação de um inventário, ou seja, uma coleção detalhada sobre os recursos naturais do país. Contudo, esses sistemas eram difíceis de serem utilizados pelo, ainda, precário desenvolvimento tecnológico da época. Os monitores eram de baixa qualidade gráfica, os computadores não apresentavam grande capacidade de processamento e armazenamento, e os profissionais que entendiam de tais sistemas eram escassos e caros.

Além dos SIGs, também estavam sendo desenvolvidos os CADs (*Computer Aided Design*), ou seja, projetos assistidos por computador que serviam para a produção de gráficos e desenhos, intensamente utilizados por arquitetos, engenheiros e *designers* que desejavam automatizar suas cartografias.

Será na década de 1980 que todas essas novas tecnologias e insumos para a sistematização dos processos começam a ser divulgados. Esse avanço mundial, dos SIGs nos anos 1980, reverbera até os dias de hoje, por meio de *softwares*, técnicas e modelos, amplamente utilizados nos estudos ambientais, na Geoecologia e na própria Biogeografia (Figura 4.6).

Dessa forma, o que se tem hoje são sistemas computacionais que compreendem a inserção, o armazenamento, a captura, a manipulação e a análise de dados, com o propósito de resultar em informações georreferenciadas, ou seja, com códigos, endereços. O SIG trabalha com a superposição de camadas de informação, diferentes fontes, e, consequentemente, com sistemas de projeções diferentes, gerando, assim, a Geoinformação.

Figura 4.6 – Modelo digital de elevação para identificação de transectos para caracterização do relevo dos domínios morfoclimáticos da caatinga e da mata atlântica

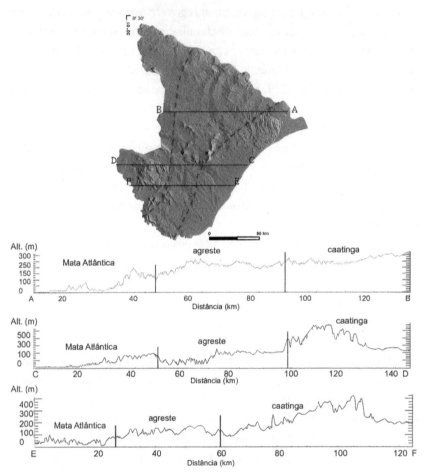

Fonte: Carvalho e Carvalho (2012).

No exemplo acima os pesquisadores fizeram uso do Modelo Digital de Elevação – representa as altitudes da superfície topográfica agregada aos elementos geográficos existentes sobre ela, como cobertura vegetal e edificações (IBGE) – que ofertou os perfis topográficos e a interpretação da morfologia do relevo (geomorfologia), resultando na caracterização dos domínios (Mata Atlântica e Caatinga) por meio de transectos (perfis topográficos).

Estudos como esse auxiliam na descrição de *habitats* e consequentemente na identificação de áreas prioritárias para a conservação da biodiversidade. Esse tipo de fragmentação da paisagem, como ilustra o mapa dos estudiosos, é algo comum nos estudos da Geoecologia. Entretanto, há uma categoria que descreve completamente esses "recortes", são as unidades de paisagem, que serão descritas no próximo item.

Além dos sistemas informacionais e, também, da abordagem sistêmica, os estudos geoecológicos têm se fartado de métodos estatísticos e linguagem de programação que otimizam análises e identificação de cenários para a biodiversidade. A utilização de modelos e grandes volumes de dados (*big data*) tem moldado os novos paradigmas nos estudos ambientais, que, mesmo resultando em modelos que não são a realidade em si, se aproximam muito dela.

Os modelos computacionais utilizados na Geoecologia da Paisagem são formados por uma variedade de abordagens, desde simulações baseadas em agentes até modelos baseados em processos físicos. Eles podem replicar o crescimento de florestas ao longo de décadas, prever a expansão de desertos em resposta às mudanças climáticas, ou até mesmo simular o impacto de atividades humanas na biodiversidade local.

Segundo Rodriguez *et al.* (2022), dentro do processo de modelagem de paisagens, e de acordo com a composição dos elementos que integram o sistema, têm-se: modelos de objetos, compostos por elementos naturais e que irão representar as paisagens naturais; modelos de objeto-objeto, compostos por elementos naturais e técnicos (o último remete à ideia de técnica bastante falada por Milton Santos); e modelos sujeito-objeto, que incluem os seres humanos e suas atividades transformadoras das paisagens.

## 4.3 A Geoecologia da Paisagem para o planejamento e a gestão ecorregional – unidades de paisagem, técnicas e instrumentos

Conforme já elucidado, a paisagem é categoria máxima de análise da Geoecologia, e por isso mesmo é que ela se eleva como unidade de operação para estudos afeitos à abordagem sistêmica, caso da abordagem socioambiental.

Amorim e Oliveira (2008) consideram que o desenho das unidades de paisagem é complexo, já que a interação entre as diversas variáveis do sistema natural e do sistema antrópico permite vislumbrar outros aspectos, também complexos, da dinâmica da paisagem. Dessa forma, é possível averiguar quais elementos estão em equilíbrio, ou seja, são compatíveis com o que se espera de uma paisagem mais natural, e quais são compatíveis com uma paisagem já em vias de transformação pelos processos humanos.

Mateo (1998) desenhou uma estrutura que auxilia na organização de análises de unidades de paisagem que pretendem ser geoecológicas. A exemplo, quando se pretende estabelecer parâmetros para o planejamento, o ordenamento e a gestão territorial, áreas de atuação amplamente conhecidas dos biogeógrafos, biólogos, geógrafos, sociólogos, entre tantos, há de se estabelecer etapas para o processo.

Mateo (1998) indica que os princípios podem guiar o processo, sendo possível também a aplicação de métodos para a geração de índices específicos para a Geoecologia:

**a) Princípio Estrutural:** de acordo com a estrutura das paisagens, monossistêmica e parassistêmica, de estrutura vertical e horizontal,
- Métodos – cartografia das paisagens, tipologia e regionalizações, classificação quantitativa-qualitativa.
- Índices – de complexidade, coerência, vizinhança, composição, integridade, formas de contornos etc.

**b) Princípio Funcional:** de acordo com a interação entre os componentes, gênese, processos, homeostasia, resiliência, balanço de energia, matéria e informação etc.
- Métodos – análise funcional, geoquímica, geofísica, estacionais.
- Índices – funções, estabilidade, solidez, fragilidade, equilíbrio, autorregularão etc.

**c) Princípio Dinâmico Evolutivo:** de acordo com a dinâmica temporal, evolução e desenvolvimento.

- Métodos – retrospectivos, estacional, evolutivo, paleogeográfico.
- Índices – Ciclos anuais, regimes dinâmicos, idades, tendências evolutivas.

**d) Princípio Histórico:** de acordo com a transformação e a modificação das paisagens advindas das interações humanas.

- Métodos – histórico e análise antropogênica.
- Índices – de antropogênese, perturbações, hemerobia, tipos de modificações e transformações, cortes histórico-paisagísticos etc.

**e) Princípio Integrativo:** de acordo com os princípios da sustentabilidade.

- Método – análise paisagística integral.
- Índices – suporte estrutural, relacional, categoria de manejo da sustentabilidade, funcional etc.

Estudos como os de Belem e Nucci (2014) auxiliam na exemplificação de um dos índices mencionados acima, no caso, o conceito de hemerobia – a alteração e/ou dominação das paisagens pelos seres humanos – possibilita ranquear paisagens mais preservadas e paisagens mais antropizadas em contextos regionais, urbanos, rurais, a depender do objetivo de estudo.

As técnicas utilizadas no estudo incluem: aquisição de dados cartográficos (arruamento, hidrografia e limites), aquisição das imagens de satélite, georreferenciadas e interpretadas em *software* SIG. Após, com base na teoria que define as classes de hemerobia, considerando o uso e a cobertura do solo e as interferências sobre o funcionamento de cada aspecto, as unidades de paisagem foram mapeadas e colocadas dentro de uma chave de classificação (Figura 4.7).

# Figura 4.7 – Classificação da paisagem com índice de hemerobia

| Característica da Paisagem | Exemplo (imagem de satélite) | Hemerobia | Cor |
|---|---|---|---|
| Baixa dependência tecnológica e energética para a manutenção da funcionalidade; alta capacidade de auto regulação; alto aproveitamento das funções da natureza; superfícies permeáveis; vegetação original e flora/fauna nativa. | | Muito Baixa | |
| |  | Baixa | |
| |  | Média | |
| Alta dependência tecnológica e energética para a manutenção da funcionalidade; baixa capacidade de auto regulação; pouca conexão com a dinâmica dos valores naturais, desenho padrão e como expressão de esmero, estética e civismo, baixa relação com as características locais, impermeabilização das superfícies; sem vegetação original e flora/fauna exótica. |  | Alta | |
| |  | Muito Alta | |

Fonte: adaptado de Belém e Nucci (2014).

As paisagens culturais seriam aquelas que tiveram um processo de ocupação e alteração mais proeminentes. Conforme sugere o adjetivo, a imposição da cultura advém dos seres humanos, sendo assim, paisagens mais impactadas. Já as paisagens naturais seriam as menos impactadas, ou seja, com uma menor hemerobia.

Os autores indicam que as paisagens mais protegidas, ou seja, com mais áreas verdes, dependem menos de insumos tecnológicos e energéticos para a manutenção das funções, assim como possuem elevada qualidade do solo e presença de fauna e flora, equilibrando o ecossistema.

Em contrapartida, as áreas com menos áreas verdes e intensa urbanização, com solos impermeáveis, presença de flora e fauna exóticas dependem consideravelmente de insumos tecnológicos e energéticos para a manutenção das funcionalidades.

Outra possibilidade para os estudos em Geoecologia refere-se a identificação e classificação de unidades de paisagens voltadas a prevenção de riscos e eventos extremos em áreas vulneráveis.

Amorim e Oliveira (2008) mapearam variáveis específicas da área litorânea do estado de São Paulo, pretendendo, por meio das unidades de paisagem, representar os diversos níveis de fragilidades ambientais acentuadas pelo modelo de uso e ocupação do espaço.

As variáveis consideradas no estudo foram: tipos de relevos, compartimentação geomorfológica, níveis de ocupação municipal, estado ambiental dos relevos (se há movimentos de massas, acúmulo de lixo, impermeabilização do solo etc.) e uso e ocupação da terra.

De posse de todas essas informações, padronizadas em escalas, os autores definiram áreas estratégicas, ou seja, as unidades de paisagens que possuem as maiores fragilidades ambientais, ocasionadas, segundo resultados, pelo grande adensamento demográfico.

Pereira *et al.* (2012) utilizaram a teoria geoecológica para a classificação do Bioma Pantanal, com foco na vulnerabilidade ambiental (Figura 4.8). Para isso, mapearam unidades de paisagem e um modelo de ocupação e uso utilizando dados correspondentes às informações de unidades morfométricas de relevo, geologia, solos e potencial agrícola; mapa de uso e cobertura da terra; mapas de áreas alagadas do bioma e de variabilidade espacial das inundações.

Figura 4.8 – (a) Mapa de unidades morfométricas com a área de alta variabilidade; (b) Mapa da geologia para o Bioma Pantanal extraído de IBGE (2011); e (c) Mapa das unidades de paisagem para o Bioma Pantanal

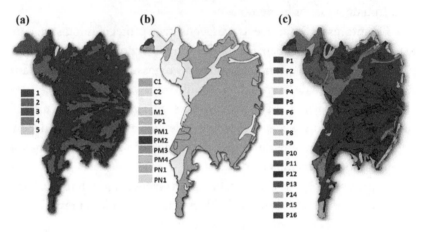

Fonte: Pereira *et al.* (2012).

Os autores obtiveram, a partir do cruzamento entre as variáveis altimetria, declividade, variabilidade espacial e geologia, a classificação de 16 unidades de paisagem que permitiram a análise da vulnerabilidade ambiental do Bioma Pantanal, compreendendo os diferentes tipos de fitofisionomias, unidades morfométricas e solos. Concluindo que grande parte do Pantanal apresenta uma média fragilidade ambiental.

De posse dos estudos e das estratégias metodológicas apontadas neste capítulo é possível apreender que a Geoecologia das Paisagens emerge como uma ferramenta poderosa para as necessidades da vida humana e biológica frente aos impactos socioambientais cada vez mais intensos nas sociedades industriais-urbanas.

Pela combinação de técnicas biofísicas, de percepção das influências humanas e socioculturais sobre o ambiente, a abordagem transcende as fronteiras tradicionais entre Geografia, Ecologia e Biologia, e, ao posicionar a paisagem como o epicentro de sua análise, permite o diagnóstico dos geossistemas, dinamizando recortes – biomas e ecorregiões – historicamente utilizados.

Ao abraçar tanto os aspectos naturalistas quanto as marcas da atividade humana, torna-se também uma abordagem e um método abrangentes e holísticos para investigar e compreender as dinâmicas, os padrões e os processos que moldam a paisagem, mas também a formulação de estratégias eficazes para sua conservação e gestão sustentável.

# 5

# Biogeografia: impactos socioambientais e estratégias

A BIOGEOGRAFIA, AO INVESTIGAR A distribuição dos seres vivos no espaço e ao longo do tempo, considerando os fatores físicos, biológicos e históricos que influenciam essa distribuição, acaba por se encontrar em uma encruzilhada: a necessidade de prover estratégias que consigam ler e mitigar problemáticas socioambientais, principalmente aquelas que culminam em impactos à biodiversidade, mas também aos seres vivos, incluindo os humanos.

Ao compreender que os impactos socioambientais resultam das interações entre as atividades humanas e os ecossistemas naturais, é fundamental analisar os desafios enfrentados pela sociedade contemporânea e as estratégias galgadas desde o início da ciência biogeográfica para mitigar tais reveses, considerando, assim, a experiência metodológica e teórica dessa ciência moderna.

Os impactos socioambientais são resultantes das atividades humanas que afetam diretamente a biodiversidade e suas paisagens e, por conseguinte, a qualidade de vida das populações. Ao integrar conhecimentos e práticas de diversas áreas do saber, a Biogeografia consegue ser instrumento, por seus métodos, e ser motivadora da mudança, por suas teorias e seu caráter militante na busca pela consciência socioambiental.

Neste capítulo os impactos socioambientais serão elucidados, e especialmente a crise climática terá destaque, haja vista a dimensão dos impactos engendrados por ela e sua força sobre as paisagens naturais, como a elevação do nível do mar, a perda de *habitats* e *hotspots* de biodiversidade, as mudanças nos padrões de precipitações, a interferência nos padrões migratórios e permanências de espécies, entre tantos outros processos extremos.

Ademais, apresentar-se-á, ainda, um breve contexto acerca das legislações ambientais que operam para a segurança contra os impactos socioambientais e, consequentemente, a conservação da biodiversidade, evidenciando o papel dos estudos biogeográficos nessa frente de proteção e preservação socioambiental.

Por fim, discute-se a Biogeografia no contexto da educação. Pelas vias da educação ambiental conscientizadora, serão apresentados teorias, documentos e técnicas de campo que sustentam e potencializam as investigações que pretendem diagnosticar os processos e fenômenos ambientais, e evitar os impactos socioambientais e sua crise ambiental tão latente na atualidade.

## 5.1 Impactos socioambientais e crise climática: discussões na Biogeografia

"As mudanças climáticas são o resultado de mais de um século de padrões insustentáveis de energia, uso da terra, estilos de vida, consumo e produção", Jim Skea, copresidente do Grupo de Trabalho III do IPCC (IPCC, 2022).

As mudanças climáticas promovem alterações significativas nos biomas e nas distribuições das espécies, e a compreensão desse problema, em diversas escalas analíticas, tem sido um dos principais objetivos da Biogeografia.

Elas têm fortes ligações com a perda da biodiversidade, observada em praticamente todos os ecossistemas terrestres, aquáticos e no ambiente marinho (IPBES, 2019), já que afetam os padrões ecossistêmicos da fotossíntese e da produtividade, mudando ciclos hidrológicos e a dinâmica de gases importantes para a manutenção da biota (Artaxo, 2020).

As alterações nos ritmos das precipitações, da temperatura, dos ventos, da umidade e da qualidade do ar reverberam diretamente sobre a vida e o comportamento da fauna e da flora, assim como na unidade sistêmica, que é a paisagem. Fato é que a variação nas características climáticas do planeta, em conjunto com outros fatores, foi responsável por extinções em massa e resultou no que é a distribuição atual das espécies e biomas (Katzenberger *et al.*, 2012).

Fazem parte do processo natural do planeta Terra as mudanças e as alterações nos ritmos – aquecer-resfriar-aquecer-resfriar – contudo, essas dinâmicas têm se apresentado de forma mais intensa e acelerada, sendo então vivenciadas pelas sociedades como eventos extremos, de impiedosos riscos e vulnerabilidades.

Os riscos ambientais, de acordo com Marandola Jr. (2004), possuem prismas diversos, e por isso também são lidos e percebidos de diferentes formas. No caso das mudanças climáticas, ou as mudanças ambientais em geral, a escala de percepção é global e relaciona-se com a ideia de crise. As paisagens estão em estado de crise – poluentes atmosféricos, degradação não reversível de ecossistemas, epidemias e pandemias, alagamentos e enchentes, fome e pobreza, desperdício de alimentos – e consequentemente todos os indivíduos que vivem, se abastecem e a modificam, estão em risco.

Rocha e Almeida (2019) expõem que o risco é como uma ameaça, um perigo eminente, principalmente para os grupos que estão suscetíveis e assim o percebem. Veyret (2007) considera que a concepção sobre risco advém das denúncias dos ecologistas acerca dos impactos causados pelos seres humanos à natureza, e isso acontece há pelo menos 80 anos, pós-Segunda Guerra Mundial. Apesar de a concepção de risco ser destinada à percepção dos seres humanos que o percebem e arcam com as consequências, os riscos são em primeira instância sentidos pelos animais, pelas plantas, pelo solo, pelos corpos d'água, pela atmosfera, ou seja, a biota como um todo, que entra em estado de desequilíbrio e, por vezes, não retorno a sua condição salutar.

Os riscos ecológicos contemplam a especificidade dos fatores bióticos e abióticos, sendo então definidos como a probabilidade de que efeitos ecológicos adversos possam ocorrer como resultado da exposição dos ecossistemas naturais a um ou mais agentes estressores, podendo causar riscos severos à saúde humana e das demais comunidades biológicas (Ausap, 1989; Goulart e Callisto, 2003).

Eles são analisados de forma antecipada por instrumentos como o monitoramento ambiental, incluindo técnicas e vertentes diversas para a leitura sistêmica dos problemas e efeitos. Assim, espera-se que uma avaliação acerca do estado de conservação e/ou degradação seja plausível para o controle e a impossibilidade de eventos adversos ocorrerem.

Os fatores e os elementos ambientais são diretamente influenciados pelas condições geográficas, e vários destes são tidos como os responsáveis por extinções e estresses, em escalas de análise distintas, como a fragmentação e a destruição dos *habitats*, as doenças infecciosas, a poluição das águas, as espécies invasoras e o aumento da incidência da radiação ultravioleta (UV-B).

Segundo o relatório de 2022 do IPCC (Painel Intergovernamental para as Mudanças Climáticas), as emissões nocivas de carbono de 2010-2019 foram as mais altas na história da humanidade, e uma parcela crescente das emissões pode ser atribuída a vilas e cidades. São problemas desencadeados pelo modo de vida dos seres humanos e pelo desenfreado adensamento territorial com foco na industrialização, na agricultura extensiva e no desmatamento para produção e consumo.

Faz-se necessário compreender que a mudança climática é o processo-fim de todos esses procederes e será sentida de maneira muito mais rápida pelos componentes vivos e não vivos do ecossistema.

As estimativas do IPCC indicam ainda que a temperatura média do planeta durante o século XX chegou a subir cerca de 6º C, e, de acordo com os novos modelos para o século XXI, teremos um aumento cinco vezes maior, representando impactos ambientais severos para os ecossistemas e seus indivíduos. Diante de tais estimativas, a vulnerabilidade se faz presente nos ecossistemas.

A análise da vulnerabilidade é parte das discussões sobre os impactos socioambientais e riscos. De acordo com Acselrad (2006) e Rocha e Almeida (2019), ela está normalmente associada à exposição aos riscos e designa a maior ou menor susceptibilidade de pessoas, lugares, infraestruturas ou ecossistemas sofrerem algum tipo particular de agravo.

Os estudiosos consideram três dimensões da vulnerabilidade:

1. exposição ao risco, quando o risco está presente, apesar de não ser efetivo;
2. incapacidade de reação ao risco, quando o risco é eminente e não há possibilidades para o provimento de segurança;
3. capacidade/incapacidade de adaptações, quando o risco se concretizou e não há possibilidades de retorno ao estado anterior, ou seja, a resiliência.

Transpondo essas dimensões para os fatores bióticos e abióticos podemos considerar que toda a biodiversidade está dentro do contexto de riscos e vulnerabilidades, até porque as paisagens formadas por essa gama de elementos e vida são as mesmas que historicamente são utilizadas e ocupadas de forma desenfreada, seja nos grandes centros urbanos, ou nas áreas rurais, de matas e florestas. Sendo assim, os impactos socioambientais não respeitam os limites territoriais ou naturais do planeta, acometendo de forma desigual seres humanos, fauna, flora, rochas, solos, rios, mares, oceanos.

Os impactos ambientais são definidos, segundo a Resolução CONAMA nº 001/1986 (Brasil, 1986) como

> qualquer alteração das propriedades físicas, químicas e biológicas do meio ambiente, causada por qualquer forma de matéria ou energia resultante das atividades humanas que, direta ou indiretamente, afetam: a saúde, a segurança e o bem-estar da população; as atividades sociais e econômicas; a biota; as condições estéticas e sanitárias do meio ambiente; a qualidade dos recursos ambientais.

Dessa forma, acometem todo o sistema e todos os elementos que compõem esse sistema.

A Biogeografia, enquanto teoria que descortina impactos ambientais relacionados principalmente à distribuição das espécies e seus lócus, pouco tem flexionado uma militância para conscientizar a sociedade sobre esses problemas, entretanto, possui estudos mais práticos que evidenciam a perda da biodiversidade e denunciam a interferência que as mudanças climáticas e a crise climática têm operado nos sistemas naturais.

Em estudos biogeográficos algumas técnicas são sumárias, como o uso de peixes como biomarcadores para monitoramento ambiental aquático, em que se analisam órgãos de contato direto com agentes tóxicos, por exemplo, brânquias, fígados, rins de peixes, que podem indicar alterações no ambiente.

Esse tipo de técnica – histologia – é uma ferramenta sensível para se diagnosticar efeitos tóxicos diretos e indiretos que afetam os tecidos animais e, consequentemente, o ambiente aquático, já que ocorrem trocas gasosas ($O_2/CO_2$) entre os indivíduos e os diversos compostos advindos de agrotóxicos, esgotos industriais, exploração de minérios, poluição atmosférica, aquecimento das águas etc. (Navarro, Gaberz e Queiroz, 2010).

Há ainda pesquisas de monitoramento de impacto em aves insetívoras (andorinhas, pica-pau, gaviões etc.) (Brum *et. al.*, 2020), que são constantemente contaminadas, em pelo menos um órgão/tecido/estrutura (fígado, fezes, bolo estomacal, plasma sanguíneo, tecido muscular, itens alimentares, ovos) por compostos advindos de agrotóxicos dispersados pelo ar em áreas de cultivo.

Tais exemplos supracitados estão em escalas locais e/ou regionais, diferentes da escala global pertencente à crise climática, entretanto, há transformações importantes de temperatura e umidade que acometem tais escalas mais localizadas, principalmente motivadas por ações antrópicas como atividades industriais, de queimadas, desmatamento, compondo o problema global da crise climática ao transformar a biota pela contaminação e mudança da estrutura natural e equilibrada.

Estudos mais específicos, entre seres vivos e mudanças climáticas são possíveis e amplamente realizados por estudiosos, principalmente, das áreas da Biologia e da Química. Isso se dá pela necessidade de técnicas que consigam ter precisão/refinamento na leitura dos indivíduos e/ou comunidades biológicas.

Afere-se, assim, a relação entre os elementos climáticos (temperatura, umidade do ar, pressão atmosférica e radiação solar), de escalas micro, até globais, e os impactos e/ou estresse nos indivíduos (órgãos, tecidos, comportamento). Caso de Souza Alves (2012), que identificaram que

## BIOGEOGRAFIA

grandes populações de anfíbios correm risco de extinção nos próximos anos, e aproximadamente 35 espécies já desapareceram na natureza em razão das mudanças climáticas. Os anfíbios são o grupo de vertebrados mais ameaçado, uma vez que cerca de 41% de todas as espécies que o constituem estão em perigo de extinção (Hofmann, 2010; Katzenberger *et al.*, 2012). Isso se dá pela extrema sensibilidade às mudanças de temperatura e umidade. Tais indivíduos possuem uma forte dependência dos fatores ambientais para a sobrevivência.

Os modelos bioclimáticos são outros exemplos de técnicas. Eles são programados para considerar o *habitat* ideal para uma determinada espécie, considerando sua distribuição espacial e sua história. Com base em estimativas, identificam quais são os limites toleráveis de cada espécie, grupo, organismos em relação às variáveis climáticas (temperatura, umidade, vento, radiação), e, após, cruzam tais informações com as evidências acerca das variações climáticas em cada local do globo, podendo, por fim, identificar quais são as espécies que têm uma tolerância maior ou menor ao aquecimento, à capacidade de dispersão, à aclimatação, entre outros processos.

Katzenberger *et al.* (2012) mencionam que a maior parte da biodiversidade terrestre é constituída por animais que dependem principalmente de fontes externas de calor, sendo, então, influenciados diretamente pelas condições climáticas do *habitat*. Eles citam como consequências a debilidade das funções fisiológicas e a morte. Deve-se considerar também que esses animais ectotérmicos estão adaptados a condições diferentes, a depender da sua localização, por exemplo, animais que já vivem em áreas tropicais de zonas de baixa altitude (mais quentes) possuem uma condição de tolerância a temperatura diferenciada dos seus parceiros que vivem em áreas de maiores latitudes (mais frias). As espécies tropicais estarão, então, mais ameaçadas de extinção pelo aquecimento global do que as de latitudes elevadas.

Outra importante técnica utilizada pela Biogeografia para a leitura e previsão dos impactos socioambientais são os bioindicadores de qualidade ambiental. Referem-se a espécies e comunidades biológicas/grupos de espécies que, se encontradas em determinados *habitats*, indicam a ocorrência de impactos ambientais. A presença de alguns deles – macrofauna do solo, besouros, minhocas, musgos, líquens, anfíbios, insetos galhadores –, segundo pesquisadores como Prestes e Vicenci (2019), é resultado de um desequilíbrio ambiental promovido especificamente pelas ações antrópicas, sendo as principais o desmatamento, a presença de metais pesados em ambientes aquáticos e solos, e o uso de agrotóxicos.

Considera-se que os impactos ambientais são diversos e, como colocado dentro da Resolução CONAMA nº 001/86, atingem esferas e indivíduos que possuem gênese e vivências díspares, sendo então necessário graduar e qualificar o impacto, a vítima e a possibilidade de resiliência.

Prestes e Vincenci (2019) apoiam que o que caracteriza o impacto ambiental não é qualquer alteração nas propriedades do ambiente, mas as alterações que provoquem o desequilíbrio das relações constitutivas do ambiente. Dessa forma, ao resgatar o conceito de geossistema e os princípios da abordagem sistêmica, espinha dorsal da Biogeografia, não resta dúvida de que as relações todas que operam dentro das paisagens estão implicadas, seja para mais ou para menos, ampliando a vulnerabilidade e a eminência de riscos.

## 5.2 Conservação da Biodiversidade Sociocultural e as legislações ambientais

O Brasil é tido como um país megadiverso por possuir em seu território cerca de 70% da biodiversidade mundial, estando em primeiro lugar da lista de 17 países (Figura 5.1) com as maiores diversidades biológicas continentais, afinal, são seis biomas continentais, maior número de espécies endêmicas, a maior floresta tropical (Amazônia) e dois dos *hotspots* mundiais (Mata Atlântica e Cerrado) (Ganem, 2011).

Figura 5.1 – Os 17 países megadiversos do mundo

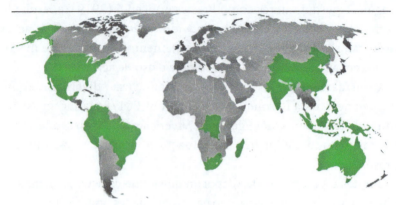

Fonte: World Conservation Monitoring Centre (2008).

Os 19 países de maior diversidade do mundo estão concentrados na zona intertropical e são: África do Sul, Austrália, Bolívia, Brasil, China, Colômbia, Costa Rica, Equador, Filipinas, Índia, Indonésia, Madagascar, Malásia, México, Nepal, Peru, Quênia, República Democrática do Congo e Venezuela.

Conforme Figueiró (2015), o principal critério para um país ser considerado megadiverso refere-se ao número de plantas endêmicas, e isso se deve à importância das plantas na cadeia alimentar, oportunizando a diversidade de insetos e herbívoros.

Mas, em que consiste essa biodiversidade? E qual a grandeza e responsabilidade em ser um país megadiverso?

Consiste em considerar que a biodiversidade é o oposto da homogeneização de ecossistemas, da ausência de finalidades diversas – econômicas, culturais, científicas, recreativas, espirituais, psicológicas –, da impossibilidade no controle de doenças, da polinização, da dispersão de sementes, entre tantas outras funções.

A responsabilidade se traduz simplesmente pelo dever ético da espécie humana com as demais, além da responsabilidade de prover condições habitáveis para os próximos humanos que chegarão e os que já nasceram (Ganem, 2011).

A biodiversidade, ou diversidade biológica, fora definida por Rosen em 1986. Ela engloba espécies de plantas, animais e micro-organismos, ecossistemas e, também, os processos ecológicos que sustentam e compõem todos os grupos anteriores (Figueiró, 2015).

Compreender a importância da biodiversidade é sumário para a mitigação dos impactos socioambientais advindos desde a Revolução Industrial. Em suma, a biodiversidade pode ser destrinchada em escalas espaciais e analíticas – alfa, beta e gama.

A biodiversidade alfa é considerada quando há uma diversidade de organismos vivendo em um mesmo *habitat* sem que haja uma grande disputa entre eles por alimentos e sobrevivência; a biodiversidade beta acontece quando há uma diversidade de *habitats* em determinadas regiões; a biodiversidade gama acontece quando há uma diversidade de paisagens dentro de um determinado território. Assim, identifica-se um todo complexo existente na lógica da biodiversidade, em que uma influência mínima que seja na escala dos organismos trará consequências para a escala das paisagens.

A biodiversidade está posta na Convenção sobre Diversidade (CDB) e na Lei do Sistema Nacional de Unidades de Conservação (SNUC) como a riqueza de espécies existentes e catalogadas segundo níveis de organização ecológica; e a

> variabilidade de organismos vivos de todas as origens, compreendendo entre outros, os ecossistemas terrestres, marinhos e outros aquáticos e os complexos ecológicos de que fazem parte, assim como a diversidade entre espécies e ecossistemas e dentro de espécies (SNUC, Art. 2, inciso III) (Brasil, 2000).

A existência de tudo isso, ou seja, a conservação da Biodiversidade, responsabiliza, principalmente no caso do Brasil, um dos poucos países com as maiores megadiversidades do mundo, pela proteção da multiplicidade de vida que se manifesta na Terra, implicando a adoção de ações complexas com a finalidade de assegurar que o sistema ecológico se perpetue.

Para isso, há de se frear ações depredatórias, como a exploração de recursos, o adensamento urbano-industrial, a exploração do solo e das propriedades físico-químicas que equilibram o complexo sistêmico.

Para a biodiversidade existir é mister a presença de uma rede extensa e interconectada de áreas protegidas, isso se deve pela necessidade de trocas de matéria e fluxos entre espécies, e de espécies e ecossistemas, apenas possível com o estabelecimento de uma política de conservação.

Como já visto, um bioma é composto pelo aglutinamento de diversas regiões biogeográficas, e, consequentemente, pela presença de polígonos fluidos, como as bacias hidrográficas e as ecorregiões. Protegê-lo significa policiar todas essas conexões territoriais.

Em nossa Constituição Federal, promulgada em 1988, estão firmadas concepções importantes acerca da proteção ao meio ambiente, da conservação da biodiversidade e dos ecossistemas ante os impactos socioambientais. Nela, está posto e assegurado que "Todos têm direito ao meio ambiente ecologicamente equilibrado" (Brasil, 1988), entretanto, apesar de o foco estar nos seres humanos, ao trazer a concepção de "ambiente ecologicamente equilibrado", assume que o oposto, a desarmonia dos ecossistemas e suas comunidades biológicas, passa a ser prejudicial e injurídico.

Essa normativa é o primeiro grande princípio estabelecido para políticas ambientais no Brasil. Ademais, a nota ainda preconiza súmulas para a sustentabilidade e indica quem são os responsáveis, estabelecendo que o meio ambiente é "bem de uso comum do povo e essencial à sadia qualidade de vida, impondo-se ao Poder Público e à coletividade o dever de defendê-lo e preservá-lo para as presentes e futuras gerações" (Brasil, 1988).

A responsabilidade de promover justiça social e proteção dos direitos das comunidades que dependem diretamente dos recursos naturais para sua subsistência é máxima constituída, principalmente em países que possuem histórias de invasão de territórios e etnocídios.

Nessa vertente, e pela necessidade de garantir os direitos de comunidades tradicionais, fortalece-se uma Biogeografia que olha para a biodiversidade-sociocultural, construindo uma linha de pensar e proceder que enaltece uma Biogeografia de caráter cultural rompendo com as fronteiras da Biogeografia exclusivamente naturalista.

Dias (2022), Svorc e Oliveira (2012, p. 142) corroboram com a perspectiva de uma Biogeografia que rompa com as análises descritivas das paisagens, direcionando-se para o entendimento das conjunções derivadas cotidianamente das sociedades que transformam as paisagens naturais em "paisagens culturais da atualidade".

Carece compreender que as paisagens são vistas e vivenciadas pela prerrogativa da cultura e da história, independente da sociedade e/ou grupo social. As paisagens, até então apenas consideradas pelos seus aspectos naturais, passam a ser paisagens culturais que se modulam pela linha da afinidade ao lugar, às percepções transcendentais da natureza, às ideias do lugar comum e de todos, aos pressupostos imbuídos na Ecologia (Dias, 2022).

Essa concepção se traduz no reconhecimento da importância que os grupos sociais tradicionais (ribeirinhos, caiçaras, povos e comunidades indígenas, ciganos, catingueiros, coletores etc.) exercem para a conservação da biodiversidade, simplesmente pelo modo de vida que exercem, bastante distinto do modo de vida capitalista.

A implicação das legislações ambientais nesses contextos culturais, por vezes, não contempla o modo de vida e pensar desses grupos, esbarrando na invisibilidade de culturas e pensamentos, algo chamado de "colonização do pensamento". Necessita-se, assim, compreender que esses grupos são os que mais protegem as áreas naturais, algo comprovado por estudo de Oviedo e Doblas (2022), por sua governança, que promove o manejo tradicional das florestas, e as melhores *performances* em preservação, se comparado às áreas das Unidades de Conservação (UCs) oficiais. Ademais, esses povos e comunidades indígenas respeitam suas áreas naturais com o respeito destinado a um membro de família, como se as árvores, os rios e as montanhas fossem seus ancestrais, parte de seus corpos e almas.

As normativas consideram que os territórios para os povos e comunidades indígenas, desde 1988 (Brasil, 1988), são locais de reprodução cultural, social e econômica (Decreto n° 6.040, de 2007), garantindo-lhes o direito ao

> [...] pleno exercício dos direitos culturais e acesso às fontes da cultura nacional [...]
>
> § 1° O Estado protegerá as manifestações das culturas populares, indígenas e afro-brasileiras, e das de outros grupos participantes do processo civilizatório nacional (CF/1988, art. 215).

Entretanto, apesar da norma, Rizek *et al.* (2022) estimaram que 94% das terras indígenas (TIs) da Amazônia foram submetidos a algum nível de pressão no período 2016-2020, com prejuízos advindos da degradação florestal e do desmatamento, dos garimpos, dos focos de calor com as queimadas e a existência de estradas que cortam os perímetros das TIs e UCs.

Além disso, tramitam no Congresso Nacional brasileiro projetos de lei que pretendem restringir as demarcações de terras para os indígenas, fixando um marco temporal que impõe que eles têm direito de ocupar apenas as terras que ocupavam ou já disputavam no momento da instauração da Constituição Federal de 1988.

As discussões sobre o marco temporal indicam que, caso seja aceita a tese, o Brasil validaria todo o genocídio e a violência operados pelos colonizadores contra os povos indígenas no século XVI; a supressão de áreas alcançaria "[...] entre 23 milhões de hectares e 55 milhões de hectares de áreas nativa [...]", podendo desaparecer; as pressões no equilíbrio global resultariam "[...] na emissão de 7,6 a 18,7 bilhões de toneladas de $CO_2$ (gás carbônico), equivalentes a 5 e 14 anos de emissões do Brasil, ou a 90 e 200 anos de emissões dos processos industriais, respectivamente" (Alencar *et al.*, 2022, p. 4).

Dessa forma, as legislações ambientais, apesar de serem explícitas e garantirem direitos aos indivíduos e grupos, são burladas por esquemas corporativos e políticos.

Interessante é compreender que elas têm um papel histórico importante por darem o tom do contexto histórico, político, social e econômico pelo qual aquela sociedade que as promulgou vive. Quando da promulgação da CF de 1988, o Brasil estava em um momento de redemocratização, pós-ditadura militar, o que garantiu aos indígenas a posse das terras, além de outras considerações importantes que fizeram a CF ser conhecida como a Constituição Cidadã em uma Era de Direitos.

Há também intenções postas nos documentos oficiais, possíveis de serem identificadas pelo uso de conceitos.

Um exemplo dessa intenção pode ser visto pela utilização do termo "recursos naturais", ao invés de "ativos ambientais", em diversas legislações ambientais. Portugal (1992) esclarece que a palavra "recursos" tem a finalidade de expor a pretensão de se obter algo, a fim de satisfazer alguma necessidade, normalmente, econômica e racional. Historicamente, no Brasil, órgãos voltados aos setores da agricultura e do abastecimento fortaleceram esse uso em suas normativas, apresentando uma nítida dificuldade de compatibilizar a visão ambientalista, de órgãos ambientais, com a visão mercadológica, de setores da produção agrícola (Dulley, 2004).

Há ainda o uso massivo do termo "sustentabilidade", que nada mais é do que a busca pela sustentabilidade do crescimento econômico por meio da exploração de recursos. Dentro da lógica de mercado, essa perspectiva está presente pela prática de *Green Marketing* e/ou *EcoBusiness*, que são as formas como o mercado se apropria do "verde" para angariar mais lucros por meio da venda das etiquetas sustentáveis. São estratégias planejadas para amenizar os impactos socioambientais, ancorados por certificações ecológicas. Há também o *greenwashing*, a "lavagem verde", que consiste na prática de maquiar algo com a aparência de sustentabilidade, camuflando sua essência, que nada tem de ecológica.

Outro fator que se atrela às legislações ambientais, e é de suma complexidade, refere-se ao que Piffer e Cruz (2018, p. 35) chamam de "fenômenos transnacionais", ou seja, ao considerarmos que existe um único meio ambiente, os impactos ambientais se tornam transnacionais, em que as fissuras engendradas pelos seres humanos, localmente, são contabilizadas dentro do sistema ambiental total e, dessa forma, atingem a todos.

Assim, como tutelar, por meio das legislações, sobre algo que transcende fronteiras físicas e jurídicas?

Arruda Filho *et al.* (2022) respondem que o direito internacional ambiental trabalha para que haja uma unicidade nas decisões políticas e na justiça ambiental praticada em todos os continentes.

A estratégia da sociedade global tem sido pelas vias das agendas e acordos globais para o meio ambiente, em que grande parte dos países e, principalmente, as potências globais, se reúnem, discutem e selam compromissos. Normalmente as metas se direcionam para limitar o aquecimento global, diminuir a quantidade de emissões de gases de efeito estufa e transformar as fontes de energias atuais em fontes limpas/renováveis. Mas os acordos são estabelecidos segundo a lógica econômica, baseando-se na sustentabilidade do modo de produção e consumo.

Assim, legislar sobre a natureza e seus ativos, amplamente chamados de recursos naturais, é um grande desafio, seja pela complexidade em ler os fenômenos diversos e intensos de dinâmicas intercambiadas, seja pela amplitude escalar que não respeita os limites territoriais das nações, seja pela própria legislação e pelo sistema econômico, que podem direcionar para a proteção ambiental, ou não.

A expectação que se encontra diante desse cenário está em assegurar que as legislações ambientais sejam mecanismos internos de gestão e autoridade soberana, que têm por finalidade salvaguardar aspectos-chave *a priori* identificados como frágeis perante algum risco.

Especificamente para a conservação da biodiversidade há diversas legislações no Brasil e no mundo.

No Brasil, a Lei nº 9.985, de 18 de julho de 2000, que institui o SNUC, indica que conservação da natureza refere-se ao:

> [...] manejo do uso humano da natureza, compreendendo a preservação, a manutenção, a utilização sustentável, a restauração e a recuperação do ambiente natural, para que possa produzir o maior benefício, em bases sustentáveis, às atuais gerações, mantendo seu potencial de satisfazer às necessidades e aspirações das gerações futuras, e garantindo a sobrevivência dos seres vivos em geral (Brasil, 2000).

Na perspectiva de atentar-se para as intenções dos conceitos postos nos documentos percebe-se que a concepção que sustenta a lei supracitada não tem em plenitude um caráter ambientalista, já que o "manejo", a "restauração" e a "recuperação" estão postos como permissíveis, além da ideia de "benefício", que é parceira da perspectiva de "recursos" supracitada – obtenção de algo. Esse é um exemplo de como a concepção sobre natureza foi modulada no Brasil.

Ao retornar à história ambiental do país, encontram-se as primeiras considerações sobre a proteção do ambiente natural no Serviço Florestal do Brasil de 1921, criação via Decreto nº 4.421/1921 (Brasil, 1921). Tal órgão era subjugado à instância do Ministério da Agricultura, Indústria e Comércio, que tinha a responsabilidade de assegurar a conservação, a reconstituição, o beneficiamento e o aproveitamento das florestas. Contudo, atrelar princípios de conservação com um ministério que buscava promover a política agrícola no país é firmar uma lógica mercadológica para a natureza.

Já em 1934, no governo Vargas, o Brasil assume uma legislação preocupada em prover recursos naturais, como os minérios, os ativos florestais e a água como forma a impedir o aumento dos preços e reveses sociais e políticos. Esse governo institui limites à ação humana sobre as floretas brasileiras reconhecendo-as como "bem de interesse comum a todos os habitantes do país" (Decreto nº 23.793/1934) (Gamba e Ribeiro, 2017).

Assim, o Código Florestal de 1934 categoriza as florestas, estabelece controles e fornece de forma primeira fundamentos que seriam embriões para o que hoje se conhece como Áreas de Preservação Permanente (APPs) e Reserva Legal (RL) (Gamba e Ribeiro, 2017).

Com o amplo desmatamento nas décadas subsequentes o Código Florestal da década de 1930 não surtiu efeito de responsabilização, sendo então estabelecido um novo código em 1965 (Lei nº 4.771/1965), em plena ditadura militar. Entretanto, a vertente não era ambientalista, mas, sim, uma resposta à imagem negativa que o governo possuía em relação aos movimentos ambientalistas da época. A lei versa sobre as APPs, impõe dispositivos jurídicos para contravenções e crimes previstos no Código Penal e outras leis, recomposição de RL e áreas degradadas. Tal estratégia foi novamente ignorada, já que a ditadura não engendrou esforços para a sua aplicação.

Com as duas legislações, Código Florestal de 1934 e Código Florestal de 1965, o Brasil passa a ter normativas importantes para a natureza e sua conservação, mas a sociedade, em sua totalidade, e principalmente as instâncias de decisão política, não estavam amadurecidas para a necessidade de uma consciência ambiental, sendo, então, necessária a discussão e a firma da Política Nacional do Meio Ambiente (PNMA, Lei nº 6.938/1981) e da Constituição Federal de 1988 (Ahrens, 2009; Gamba e Ribeiro, 2017). Mas, mais uma vez, a industrialização e as fronteiras agrícolas seguiam avançando pelos ecossistemas e áreas de proteção, aumentando o desmatamento e o desequilíbrio ecológico.

A PNMA e a CF representam um grande avanço na legislação ambiental do Brasil, principalmente pela presença de dispositivos que operam para deliberações e integração de políticas, caso do Sistema Nacional do Meio Ambiente (SISNAMA) e seu órgão consultivo e deliberativo, o Conselho Nacional do Meio Ambiente (CONAMA).

Segundo colocam Gamba e Ribeiro (2017), a Resolução CONAMA nº 001, de 1986, solidifica a legislação ambiental do estabelecer definições, responsabilidades, critérios e diretrizes gerais para o uso e a implementação, por exemplo, de instrumentos como a avaliação de impacto ambiental e seus estudos de impactos ambientais (EIAs) para os licenciamentos ambientais.

Além das normativas, há também a criação dos órgãos ambientais mais importantes do país, o Instituto Brasileiro do Meio Ambiente e dos Recursos Naturais Renováveis (IBAMA), em 1989 (Lei nº 7.735), que advém da antiga Secretaria Especial de Meio Ambiente (SEMA – 1973), e o Instituto Chico Mendes de Conservação da Biodiversidade (Lei nº 11.516/2007), o ICMBio, criado em razão de uma reestruturação do IBAMA em 2007.

O IBAMA tem como finalidade:

> I – exercer o poder de polícia ambiental;
> II – executar ações das políticas nacionais de meio ambiente, referentes às atribuições federais, relativas ao licenciamento ambiental, ao controle da qualidade ambiental, à autorização de uso dos recursos naturais e à fiscalização, monitoramento e controle ambiental, observadas as diretrizes emanadas do Ministério do Meio Ambiente; e
> III – executar as ações supletivas de competência da União, de conformidade com a legislação ambiental vigente.

O ICMBio, vinculado ao Ministério do Meio Ambiente, tem as atribuições de:

> I – executar ações da política nacional de unidades de conservação da natureza, referentes às atribuições federais relativas à proposição, implantação, gestão, proteção, fiscalização e monitoramento das unidades de conservação instituídas pela União;
> II – executar as políticas relativas ao uso sustentável dos recursos naturais renováveis e ao apoio ao extrativismo e às populações tradicionais nas unidades de conservação de uso sustentável instituídas pela União;
> III – fomentar e executar programas de pesquisa, proteção, preservação e conservação da biodiversidade e de educação ambiental;

IV – exercer o poder de polícia ambiental para a proteção das unidades de conservação instituídas pela União;

V – promover e executar, em articulação com os demais órgãos e entidades envolvidos, programas recreacionais, de uso público e de ecoturismo nas unidades de conservação, onde estas atividades sejam permitidas.

Também está a cargo do ICMBio a organização de programas de educação ambiental, assim como a distribuição de informações acerca dos ecossistemas fomentando pesquisas e investigações sobre as unidades de conservação.

Os dois órgãos ambientais do país possuem histórias conectadas e exercem fundamental importância para a conservação da biodiversidade, tanto pela aplicação da legislação ambiental como pelas instâncias que valorizam a pesquisa e a educação ambiental. Contudo, ambos têm passado nos últimos 10 anos por um processo de sucateamento, com ausência de investimentos, cenário de disputas políticas e divergências em busca de interesses monetários, reverberando em agravos aos ecossistemas, como o desmatamento, as queimadas, a exploração de minérios e a biopirataria.

A conexão entre as legislações específicas de cada país e a normativa mundial é dada na ocorrência das agendas globais para a natureza, sendo um marco para qualquer discussão ambiental a Conferência de Estocolmo, ocorrida em 1972.

O documento fruto da reunião, a Declaração de Estocolmo para o Meio Ambiente, possui princípios que atrelam as necessidades econômicas com as necessidades ambientais, em que a diversidade ecológica é assumida como frágil e carente de proteção presente e futura. Após essa premissa, os países participantes, dentre eles, as grandes potências mundiais e os ditos subdesenvolvidos, caso do Brasil, responsabilizaram-se em criar estratégias e instrumentos para a proteção ambiental, materializando suas promessas pela criação de ministérios, Organizações Não Governamentais (ONGs), legislações e, por fim, com a promulgação do Programa das Nações Unidas para o Meio Ambiente (Pnuma), que tem a finalidade de monitorar e tratar questões específicas para a proteção do meio ambiente.

Como resultado dessa empreitada ambiental, já na década de 1980, a União Internacional para a Conservação da Natureza (UICN) lança a

Estratégia Mundial para a Conservação, que vertia com o propósito de conciliar discursos e finalidades econômicas com a conservação. A importância desse movimento está na ampliação do conceito de conservação, tornando-se um marco para a discussão conservacionista.

Segundo Ganem (2011), além de preservar a diversidade genética, deve-se garantir a manutenção dos processos ecológicos e dos sistemas vitais essenciais, assim como o aproveitamento perene das espécies e dos ecossistemas. Isso implica não mais proteger apenas flora e fauna, mas, sim, toda a base dos recursos naturais que deverão ser mantidos para a posterioridade.

A partir daí grandes avanços são engendrados nas agendas mundiais para o meio ambiente, como o Relatório Brundtland/Nosso Futuro Comum (Brundtland, 1987), com a introdução oficial do conceito de "desenvolvimento sustentável"; o Protocolo de Montreal (1987), que versa sobre os compostos que alteram a camada de ozônio e impõe o princípio das responsabilidades comuns; a criação do Fundo Mundial para o Meio Ambiente (1990), órgão financeiro da Convenção sobre Diversidade Biológica (CDB), apoiando projetos com foco na poluição marítima, mudanças climáticas, alteração da camada de ozônio e perda da biodiversidade; a ECO-92, ou Cúpula da Terra, realizada no Rio de Janeiro (1992), culminou na elaboração de cinco documentos, sendo os mais emblemáticos a Agenda 21, a Convenção sobre Diversidade Biológica e a Declaração sobre Florestas. Este último reconhece a importância das florestas para a manutenção dos processos ecológicos globais, a vida cultural, econômica e social de povos e comunidades tradicionais, entre outros.

Já a Convenção sobre Diversidade Biológica de 1993 marca a história pela concessão da soberania a países detentores da biodiversidade sobre seus recursos e resultados financeiros e científicos advindos desses ecossistemas (Ganem, 2011). Para garantirem essa soberania, devem se responsabilizar pela proteção a toda a diversidade, fundamentando princípios e normativas na legislação ambiental do país.

No caso do Brasil, em 1998, acontece a promulgação da CDB, via Decreto nº 2.519, consolidando, a consciência do:

> valor intrínseco da diversidade biológica e dos valores ecológico, genético, social, econômico, científico, educacional, cultural, recreativo e estético da diversidade biológica e de seus componentes [...] da importância da diversidade biológica para a evolução e para a manutenção dos sistemas necessários à vida da biosfera [...] a conservação da diversidade biológica é uma preocupação comum à humanidade [...] o papel fundamental da mulher na conservação e na utilização sustentável da diversidade biológica [...] a conservação e a utilização sustentável da diversidade biológica é de importância absoluta para atender as necessidades de alimentação, de saúde e de outra natureza da crescente população mundial, para o que são essenciais o acesso e a repartição de recursos genéticos e tecnologia [...] (Brasil, 1998).

Os conceitos que mais saltam na normativa são aqueles que foram construídos ao longo das últimas duas décadas durante as Conferências das Partes (COPs), "desenvolvimento sustentável", "recursos", "utilização sustentável", conferindo, então, para o século XXI, a máxima da conservação (permite a interferência humana), em vez da perspectiva de preservação (não permite a interferência humana).

Ademais, entrando nos anos 2000, aconteceram as COPs que produziram tantos outros acordos e documentos, dentre eles, o Protocolo de Quioto (2005) é de suma importância pela imposição presente aos países ricos frente à responsabilidade de conter a emissão de poluentes atmosféricos advindos de seus processos industriais-agrícolas.

Diante do breve histórico das principais legislações ambientais para a conservação da natureza, considera-se a existência e a persistência das divergências entre os países ricos, que não querem arcar com seus prejuízos ambientais, e a posição oprimida dos países pobres, apoiados por ONGs (como o WWF e o Greenpeace) que necessitam lidar com as desigualdades sociais, compreendendo-as como ponto inicial do problema que não permite a garantia à qualidade de vida e, consequentemente, ao meio ambiente equilibrado.

A importância das comunidades locais e/ou tradicionais na garantia da qualidade de vida humana e, também, biótica está presente desde os primeiros documentos, contudo, esses são os primeiros grupos a serem atacados, em grande parte, pelas condições de ampla biodiversidade de suas terras, alvo de especulações pelos grandes latifundiários.

Artaxo (2020) considera que atualmente nossa sociedade global está imersa em três grandes crises que são indissociáveis: a crise na saúde, a crise da emergência climática e a crise de perda de biodiversidade

A crise da saúde é a mais percebida pela população e, em certa medida, resolvida, já que tem seus efeitos mais diretos sobre a população humana, *vide* a pandemia mundial da COVID-19.

A crise climática até pouco tempo atrás não era acreditada, dividindo opiniões e deslegitimando cientistas, com discursos negacionistas que minimizavam seus efeitos. Contudo, com os ritmos de temperatura, precipitações, umidade, radiação alterados, as populações começaram a notar de forma branda as reveses que as mudanças climáticas podem causar, até o ponto da chegada dos grandes desastres e impactos socioambientais, como as enchentes, as ondas de calor extremo, a baixa umidade relativa do ar etc., em diversos continentes – América, África, Europa e Ásia – que dizimaram vidas humanas, anteciparam processos naturais e tornaram o ambiente desequilibrado.

A crise da perda da biodiversidade, segundo Ganem (2011), é silenciosa, bastante semelhante à crise climática, pela descrença que acomete grande parte da população mundial. O perigo da descrença está na perda irreparável dos *hotspots* da biodiversidade, ou seja, a eliminação definitiva de espécies, assim como cenários costurados para o equilíbrio sistêmico do planeta.

Artaxo (2020) ainda considera que no atual modelo econômico que vivemos, sustentado pela queima de combustíveis fósseis e pelo uso e contaminação intensiva da terra, a perda da biodiversidade, por mínima que seja, implicará a aceleração dos processos outros – a crise da saúde e a crise climática –, impactando os seres vivos mais vulneráveis, incluindo os seres humanos mais empobrecidos dos países do sul global.

## 5.3 Educação Ambiental e Biogeografia

A Educação Ambiental (EA) é um campo de estudo que pode ser desenvolvido independentemente de áreas do conhecimento correlatas ou não. Ela tem sido considerada como *práxis*, ou seja, teoria e prática, que sustenta os princípios da consciência ambiental, devendo ser orientada para a resolução de problemas concretos. Suas temáticas preocupam-se em engajar e conscientizar os indivíduos sobre a necessidade de um meio ambiente equilibrado, e isso é realizado por meio de enfoques interdisciplinares, com participação ativa e protagonista de grupos e indivíduos.

A Biogeografia possui finalidades semelhantes à da EA, em que pese, não apenas busca a sensibilização dos indivíduos sobre a importância da conservação ambiental, mas também fornece práticas que contribuem para a mitigação dos problemas ambientais. Os procedimentos também são parecidos e envolvem métodos e estratégias pedagógicas que buscam integrar o conhecimento ambiental nos diferentes níveis de ensino e em diversos contextos sociais.

Dentro da Biogeografia, a EA tem sido desenvolvida por trabalhos com foco na leitura das paisagens e investigações práticas, com auxílio das teorias e métodos da Geoecologia da Paisagem e da Pedagogia, e por estudos especializados em dinâmicas de pequenas escalas sobre fauna e flora pressionados pelas ações antrópicas.

A educação ambiental biogeográfica deve ser dinâmica e envolvente, e, por isso, deve proceder pelo trabalho de campo que permitirá o engajamento e a identificação de características particulares e gerais dos ecossistemas, e das unidades de paisagens que o compõem.

Algumas técnicas biogeográficas, de acordo com Furlan (2011), devem ser contempladas para o desenvolvimento da EA: a observação detalhada e sistemática das características, a esquematização por meio de desenhos (Figura 5.2), anotações (Figura 5.3), coletas, fotografias, medições com instrumentos e o trabalho no laboratório destinado à análise de todos os produtos e materiais.

## Figura 5.2 – Técnica de desenhos em campo

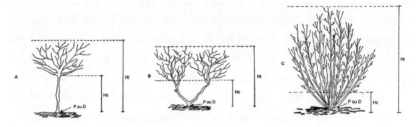

A autora indica que a técnica de desenho é uma das mais importantes para o trabalho da Educação Ambiental em Biogeografia. Ao se propor ao desenho, o aluno/pesquisador se presta aos detalhes e consegue absorver minúcias que apenas pela observação não são captadas.

Fonte: Rodal *et al.* (2017, p. 24).

## Figura 5.3 – Técnica de ficha de campo

PARCELA NÚMERO -
DATA -

I - DADOS DE IDENTIFICAÇÃO

Município: _____
Localização da parcela: _____
Autores: _____
Observações: _____

II - DADOS SOBRE O MEIO FÍSICO

_____
_____
_____

III - DADOS SOBRE A VEGETAÇÃO

| número do indivíduo | Nome vulgar/ espécie | Perímetro (cm) | Altura (m) caule | total |
|---|---|---|---|---|
|  |  |  |  |  |
|  |  |  |  |  |

Fonte: Rodal *et al.* (2017, p. 25).

A ficha de campo é também registro imprescindível por possibilitar uma ordem e uma direção ao estudante/pesquisador no momento das observações. Deve-se ir a campo munido de um roteiro que possibilite atentar-se para a completude do espaço a ser investigado. Esse instrumento é um exemplo de como proceder à organização do trabalho de campo que deve ser realizada de forma planejada e intencional, compreendendo os objetivos a serem desenvolvidos. Especificamente para a Biogeografia, deve-se considerar, por exemplo, épocas do ano que sejam significativas do ponto de vista biológico – ciclo diurnal, ciclos de marés, acasalamentos, estações do ano etc. (Furlan, 2011).

A autora ainda corrobora que o trabalho de observação em campo não é simples, devendo envolver uma consciência prévia sobre o exercício, ou seja, o treinamento do olhar para que esse tenha intenção, envolvendo perspectivas que considerem o viés sistêmico das paisagens, já que os elementos que serão vistos não estão desconexos do todo.

Estudos que se preocupam com a EA e possuem especificidades biogeográficas podem ser vistos, como exemplo de Ferreira e Miranda (2016), que analisam os impactos socioambientais em comunidade de remanescentes salineiros, identificando riscos e danos ao ambiente e à saúde dos moradores originados pela atividade econômica salineira. Como resultado da pesquisa, os autores angariaram informações que servem de subsídio para a organização de um programa de EA com ações específicas voltadas para moradia, emprego, saneamento básico, fornecimento de energia e áreas de preservação ambiental.

Como parte da estratégia de conscientização ambiental, Cunha *et al.* (2016) promoveram pesquisa com vistas à popularização do conhecimento científico para estudantes da Educação Básica de escolas públicas. Eles trataram de temáticas atreladas à biodiversidade de insetos, promovendo atividades educativas como trilha interpretativa no Bioma Cerrado e apreensão de artefatos museológicos. Como resultado, identificaram que os estudantes que participaram da dinâmica ampliaram seus conhecimentos sobre as características físico-naturais do Cerrado brasileiro, e, especificamente, sobre a necessidade de proteção da biodiversidade desse bioma, que é um dos mais ameaçados no mundo.

Outro projeto voltado para a Educação Básica foi desenvolvido por Souza *et al.* (2020) com proposta lúdica sobre a flora e a fauna existentes na Unidade de Conservação Flona Mário Xavier/ICMBio, situada no município de Seropédica-RJ. Os indivíduos da flora e da fauna foram transformados em personagens que ganharam vida por meio dos bonecos de fantoches. A encenação foi feita com a contação de histórias sobre as pressões socioespaciais sofridas pelo ecossistema. As autoras consideram que a dinâmica possui um grande potencial de sensibilização socioambiental para as crianças.

Mendonça e Dias (2019) consideram que a teia científica do meio ambiente é fugaz e muito frágil, necessitando, assim, do diálogo com tecnologias e sujeitos. Há experimentos que relacionam a Biogeografia com a Pedagogia e a Tecnologia para o desenvolvimento de Metodologias Ativas (MAs). É o caso da criação de aplicativos que registram o comportamento das aves e dos resíduos de animais silvestres; a identificação de presença pela construção de sensores em Arduino, captando rotas, sons, temperaturas etc.; a construção de herbários que ressecam espécies vegetais e permitem o georreferenciamento de suas localidades; e também a possibilidade da captura dos sons das plantas para identificação de possíveis estresses.

Na atualidade das intervenções humanas cada vez mais intensas, a Biogeografia está em uma posição de privilégio, prestando-se à utilização de instrumentos e técnicas robustas e, principalmente, que dialogam, significam aos alunos.

Diante dos exemplos é possível apreender que a Biogeografia não está isolada dos procederes comuns da EA, pelo contrário, existe uma relação intrínseca entre as duas, e isso se deve ao caráter interdisciplinar de ambas.

Historicamente, o ensino da Biogeografia é feito por conteúdos sumariamente descritivos, tratados de forma pouca atrativa para os estudantes, focando principalmente na vertente naturalista dos fenômenos e dos processos, sem a necessária problematização.

Dessa forma, ao atrelar a Biogeografia com as técnicas e os propósitos da EA, oportuniza-se uma renovação em que a EA se faz vetora dos pressupostos ecológicos da Biogeografia. Os pressupostos ecológicos fornecem a solidez necessária para a consciência socioambiental, por carregar em seu cerne a ideia de o acontecimento da vida se dar em uma só casa/gaia/comunidade, que é detentora de relações, parcerias e proximidades entre todos os seres vivos. E será por meio da educação ambiental que a concretude dessa lógica comunitária será possível.

# REFERÊNCIAS BIBLIOGRÁFICAS

ABREU, L. V. de. **Avaliação da escala de influência da vegetação no microclima por diferentes espécies arbóreas**. Dissertação (mestrado) – Universidade Estadual de Campinas, Faculdade de Engenharia Civil, Arquitetura e Urbanismo, Campinas-SP, 2008.

AB'SABER, A. N. **Os domínios de natureza no Brasil:** potencialidades paisagísticas. São Paulo: Ateliê Editorial, 2003.

AB'SABER, A. N. The paleoclimate and paleoecology of Brazilian Amazonia. **Biological Diversification in the Tropics**, Nova York: Columbia University Press, 1982.

ACKERLY, D. D.; LOARIE, S. R.; CORNWELL, W. K.; WEISS, S. B.; HAMILTON, H.; BRANCIFORTE, R.; KRAFT, N. J. B. The geography of climate change: implications for conservation biogeography. **Diversity and Distributions**, 16: 476-487, 2010.

ACSELRAD, H. Vulnerabilidade Ambiental, Processos e Relações. **II Encontro Nacional de Produtores e Usuários de Informações Sociais, Econômicas e Territoriais**, Rio de Janeiro: FIBGE, 2006.

AHRENS, S. O Código Florestal brasileiro: uma introdução aos seus fundamentos jurídicos e à sua estrutura orgânica. **VII Congresso Latino-Americano de Direito Florestal Ambiental**, Curitiba, 2009.

ALENCAR, A.; GARRIDO, B.; CASTRO SILVA, I.; LAURETO, L.; FREITAS, M. FELLOWS, M.; MANCHINERI, T. **Uma combinação**

# REFERÊNCIAS BIBLIOGRÁFICAS

**nefasta** – PL 490 e Marco Temporal ameaçam os direitos territoriais indígenas. Belém: IPAM, 2022.

AMORIM, R. R.; OLIVEIRA, R. C. As unidades de paisagem como uma categoria de análise geográfica: o exemplo do município de São Vicente-SP. **Sociedade & Natureza**, p. 177-198, 2008.

ARRUDA FILHO, M. T.; JACOBI, P. R.; RODRIGUEZ, Z. Brasil e sua política climática desarranjada rumo à COP 27. **Revista Ambiente & Sociedade**, p. p.1-8, 2022.

ABELL, R.; THIEME, M. Freshwater ecoregions of the world: a new map of biogeographic units for freshwater biodiversity conservation. **BioScience**, 58(5),: p. 403-414, maio 2008.

ARTAXO, P. As três emergências que nossa sociedade enfrenta: saúde, biodiversidade e mudanças climáticas. Impactos da pandemia. **Estud. Av.** 34 (100), set.-dez. 2020.

AUSAP, P. A. **Risk Assessment Guidance for Superfund:** Human Health Evaluation Manual. Washington-DC: USEPA, 1989.

BALCELLS, E. R. **Reflexiones sobre Zoogeografía y Ecofisiología animal. Su apoyo a estudios de ordenación del territorio.** Discurso pronunciado por el nuevo doctor Enrique Balcells Rocamora. Ceremonial para la investidura como doctor Honoris Causa por la Universidad de Zaragoza el 16 de mayo de 1991: 27-35, 1991.

BARROS, L. A. O discurso terminográfico na obra de medicina brasiliensi. **Tradterm**, 11, 255-307, 2005.

BARTH, R. Aspectos Zoogeográficos do Brasil. **Rev. Bras. de Geografia**, p. 79-104, 1962.

BATALHA-FILHO, H.; MIYAKI, C. Y. Processos evolutivos na Amazônia e na Mata Atlântica. **FRONTEIRAS:** Journal of Social, Technological and Environmental Science, p. 34-44, 2014.

BELEM, A. G.; NUCCI, J. C. Dependência energética e tecnológica (hemerobia) do bairro Santa Felicidade – Curitiba – PR. **Caminhos de Geografia**, p. 37-51, 2014.

BERINGUIER, C.; BERINGUIER, P. **Manières paysagères.** Une méthode d'étude. Université de Toulouse: Geodoc, 1991.

BERTRAND, G. Paisagem e Geografia Física global: esboço metodológico. **Ra'e'Ga** – O Espaço Geográfico em Análise, p. 141-152, 2004.

BRASIL. **Constituição Federal do Brasil, 1988**. Disponível em: https://portal.stf.jus.br/constituicao-supremo/artigo. asp?abrirBase=CF&abrirArtigo=225#:~:text=Do%20Meio%20 Ambiente-%20,Art.,as%20presentes%20e%20futuras%20geracoes. Acesso em 02 de abril de 2024.

BRASIL. **Decreto legislativo nº 4.421, de 28 de dezembro de 1921**. Cria o Serviço Florestal do Brasil. Coleção das leis da República dos Estados Unidos do Brasil, Rio de Janeiro, 1921.

BRASIL. **Decreto nº 2.519 de 1998**. Disponível em: https://www2. camara.leg.br/legin/fed/decret/1998/decreto-2519-16-marco-1998-437336-publicacaooriginal-1-pe.html. Acesso em 02 de abril de 2024.

BRASIL. **Decreto nº 23.793, de 23 de janeiro de 1934**. Presidência da República. Casa Civil. Aprova o Código Florestal que com este baixa, 1934.

BRASIL. **Lei nº 11.516, de 28 de agosto de 2007**. Conversão da Medida Provisória nº 366, de. 2007. Dispõe sobre a criação do Instituto Chico Mendes de Conservação da Biodiversidade, 2007.

BRASIL. Ministério do Meio Ambiente (MMA). Conselho Nacional do Meio Ambiente (CONAMA). **Resolução CONAMA nº 01, 1986**.

BRASIL. Presidência da República. **Lei nº 9.985, de 18 de julho de 2000.** Regulamenta o art. 225, § 1º, incisos I, II, III e VII da Constituição Federal.

## REFERÊNCIAS BIBLIOGRÁFICAS

Institui o Sistema Nacional de Unidades de Conservação da Natureza e dá outras providências. Brasília, 2000.

BRAUN-BLANQUET, J. **Sociologia vegetal:** estudio de las comunidades vegetales. Madrid, Buenos Aires: Acme Agency, 1950. p. 444.

BROWN, J. H.; LOMOLINO, M. V. **Biogeografia**. Ribeirão Preto: FUNPEC, 2006.

BRUNDTLAND, G. H. **Our common future by world commission on environment and development**. Oxford: Oxford University Press, 1987.

BUENO-HERNÁNDEZ, A.; BARAHONA, A. J.; MORRONE, J. Historiographical approaches to biogeography: a critical review. **HPLS**, 45, 27, 2023.

CAMARGO, J. C. G.; TROPPMAIR, H. A evolução da Biogeografia no âmbito da ciência geográfica no Brasil. **Geografia**, Rio Claro, v. 27(3), p. 133-155, dez. 2002.

CARVALHO, C. J; ALMEIDA, E. **Biogeografia da América do Sul**. São Paulo, Roca, 2015.

CARVALHO, T. M.; CARVALHO, C. M. Sistemas de informações geográficas aplicadas à descrição de habitats. **Human and Social Sciences**, p. 79-90, 2012.

CRAW, R. C.; HEADS., J. R. Panbiogeography: tracking the history of life. New York y Oxford, 1999. (Oxford Biogeography series 11).

CRISCI, J. V. The voice of historical biogeography. **Journal of Biogeography**, 28: 157-168, 2001.

CUNHA, S. B. (Org.). **Geomorfologia e meio ambiente**. Rio de Janeiro: Bertrand Brasil, 1996.

CUNHA, H. F.; LIMA, J. S.; DIAS, A. M.; CHAGAS, D. K. O ensino de insetos sociais a partir da educação científica em espaços não formais: trilha ecológica e coleção entomológica. *In*: SEABRA, G. **Educação Ambiental & Biogeografia**. 2. ed. João Pessoa: Barlavento, 2016, v. 2, p. 512-526.

DIAS, M. A.; CASTELHANO, F. J. Mudanças climáticas, poluição atmosférica e vulnerabilidade social no semiárido setentrional nordestino. *In*: **ENCONTRO NACIONAL DE ESTUDOS POPULACIONAIS**, 23., 2024, Brasília. Anais eletrônicos... Campinas: Galoá, 2024. v. 23, p. 1-9.

DIAS, M. A. **Alternatividades nos cuidados com a saúde humana: práticas no aglomerado urbano de Curitiba/PR**. Curitiba: Tese de Doutorado em Geografia. PPGGEO/UFPR, 2021.

DIAS, M. A. A Biogeografia como insumo para a cultura medicinal popular nos municípios brasileiros. **Anais do XIX Simpósio Brasileiro de Geografia Física Aplicada**, UERJ, 2022.

DIAS, M. A. Geografia física na sala de aula: proposta didático-pedagógica para a temática socioambiental da agricultura urbana. **Anais do XIX Simpósio Brasileiro de Geografia Física Aplicada**, UERJ, 2022.

DIAS, M. A.; NUCCI, J. C.; VALASKI, S. Classificação da paisagem do bairro do Bacacheri (Curitiba, Paraná) com base na cobertura do solo. **R. Ra'e Ga**, p. 146-163, 2014.

DINERSTEIN, D. O. An Ecoregion-Based Approach to Protecting Half the Terrestrial Realm. **BioScience**, 2017.

DULLEY, R. D. Noção de natureza, ambiente, meio ambiente, recursos ambientais e recursos naturais. **Revista Agric.**, p. 15-26, 2004.

EBACH, Malte C.; GOUJET, Daniel F. The first biogeographical map. **Journal of Biogeography**, 33, p. 761-769, 2006. Disponível em: https://researchgate.net/publication/263455199_The_first_biogeographical_map. Acesso em 02 de abril de 2024.

EOS. **EOS Data Analytics**. Disponível em: https://eos.com/. Acesso em: 02 abr. 2024.

FARIA, K. M.; PESSOA, M.; SILVA, E. V. Geoecologia das paisagens: uma análise cienciométrica da sua produção científica no Brasil (1990-2019). **Revista do Departamento de Geografia**, 41(1), 2022.

FERNANDES, A. **Fitogeografia Brasileira** – fundamentos fitogeográficos: Fitopaleontologia, Fitoecologia, Fitossociologia, Fitocorologia. Fortaleza: Edições UFC, 2007.

FERREIRA, S. F. M.; MIRANDA, A. C. Uma comunidade de remanescentes salineiros: um perfil dos impactos socioambientais como proposta de educação ambiental. *In*: SEABRA, G. **Educação Ambiental & Biogeografia**. 2. ed. João Pessoa: Barlavento, 2016. v. 2, p. 448-496.

FIGUEIRÓ, A. Biogeografia em busca dos seus conceitos. **Revista Geonorte**, p. 57-77, 2012.

FIGUEIRÓ, A. **Biogeografia**. Dinâmica transformacões e formações da natureza. São Paulo: Oficina de Textos, 2015.

FIGUEIRÓ, A. Diversidade geo-bio-sociocultural: a Biogeografia em busca dos seus conceitos. **Revista Geonorte**, 3(7), 57-77, 2012.

FURLAN, S. A. Biogeografia: reflexões sobre temas e conceitos. **Revista da Anpege**, 2017.

FURLAN, S. A. Florestas culturais: manejo sociocultural, territorialidades e sustentabilidade. **Revista de Ciência da Informação e Documentação**, p. 3-15, 2005.

FURLAN, S. A. Indicadores biogeográficos em fragmentos de Mata Atlântica Insular e Continental e suas possíveis implicações paleoambientais. **Revista do Departamento de Geografia**, 1996.

FURLAN, S. A. Técnicas de Biogeografia. *In*: VENTURI, L. A. **Geografia:** práticas de campo, laboratório e sala de aula. Rio de Janeiro: Sarandi, 2011.

FURLAN, S. A. Técnicas de Biogeografia. *In*: VENTURI, L. A. **Praticando geografia:** técnicas de campo e laboratório. São Paulo: Oficina de Textos, 2009.

FURLAN, S. A.; SOUZA, R. M.; LIMA, E. R. V. de; SOUZA, B. I. de. Biogeografia: reflexões sobre temas e conceitos. **Revista da ANPEGE**, 12(18), p. 97-115, 2017.

GALO, V.; FIGUEIREDO, F. J.; ABSOLON, B. A. Uma breve história da Biogeografia: de Linnaeus à Revolução Croizatiana. **Revista Sustinere**, p. 299-322, 2021.

GAMBA, C.; RIBEIRO, W. C. Conservação ambiental no Brasil: uma revisão crítica de sua institucionalização. **REB – Revista de estudios brasileños**, 2017.

GANEM, R. S. (Org.). **Conservação da biodiversidade:** legislação e políticas públicas. Brasília: Câmara dos Deputados, Edições Câmara, 2011. 437 p. (Série memória e análise de leis, 2).

GILLUNG, J. Biogeografia: a história da vida na Terra. **Revista da Biologia.** Esp. Biogeografia, 2011.

GODFREE, R. K.-V. *et al.* Implications of the 2019-2020 megafires for the biogeography and conservation of Australian vegetation. **Nat Commun**, 15;12(1):1023, fev. 2021.

GOLDANI, A. **Aplicabilidades e estudo comparativo da Biogeografia histórica na região neotropical como ferramentas para conservação:** os métodos "Análise de Parcimônia de Endemismo" e "Panbiogeografia". Tese Zoologia. PUCRS, 2010.

GOMES OREA, D. **El medio físico y la planificación.** Madri: CIFCA, 1978.

GONÇALVES, D. L. **Políticas ambientais na raia divisória São Paulo-Paraná-Mato Grosso do Sul:** estudo das áreas potenciais para a criação de corredores ecológicos. Tese, São Paulo, Unesp, 2020.

GOULART, M.; CALLISTO, M. Bioindicadores de qualidade de água como ferramenta em estudos de impacto ambiental. **Revista da FAPAM**, a. 2, n. 1, 2003.

GUERRA, F. S.; SILVA, E. V. Geoecologia de paisagens e educação ambiental aplicada: fundamentos para o planejamento e a gestão ambiental. **Terr@ Plural,** p. 1-24, 2022.

HOFMANN, M. H.-T. The impact of conservation on the status of the world's vertebrates. **Science,** 330, p. 1503-1509, 2010.

HOLT, B. G. *et al.* An update of Wallace's zoogeographic regions of the world. **Science,** 339, p. 74-78, 2013.

HUMBOLDT, A. F. **Distributione geographica plantarum,** 1817.

INSTITUTO Brasileiro de Geografia e Estatística. **Atlas geográfico escolar.** 3. ed. Rio de Janeiro: IBGE, 2007. 176 p.

IPBES. **Global assessment report of the Intergovernmental Science-Policy Platform on Biodiversity and Ecosystem Services,** UN-IPBES, 2019.

IPCC. Climate change 2022: impacts, adaptation and vulnerability. **Working Group II Contribution to the IPCC Sixth Assessment Report,** 2022.

KATZENBERGER, M.; TEJEDO, M.; DUARTE, H.; MARANGONI, F.; BETRÁN, J. F. Tolerância e sensibilidade térmica em anfíbios. **Revista da Biologia,** p. 25-32, 2012.

LOMOLINO, M.; RIDDLE, B. R.; BROWN, H. **Biogeography.** Sunderland: Sinauer Associates, 2006.

LOZANO VALENCIA, P. Métodos y técnicas em zoogeografía. *In:* MEAZA, G. (Ed.). **Metodologia y prática de la Biogeografía.** Barcelona: Ediciones del Serbal, 2000. p. 319-374

MANEJO WIKIDOT. **Florestas.** Disponível em: http://manejo.wikidot. com/florestas. Acesso em: 02 abr. 2024.

MARANDOLA JR., E. Uma ontologia geográfica dos ricos: duas escalas, três dimensões. **Revista de Geografia,** p. 315-338, 2004.

MARQUES NETO, R. A zoogeografia do Brasil e suas relações com as áreas naturais: uma discussão interescalar a partir da mastofauna neotropical. **Revista da Anpege**, 2022.

MARTINS, A. C. O ecologista. **Aust.**, p. 39-52, 2013.

MATEO, J. La ciencia del paisaje a la luz del paradigma ambiental. **Cadernos de Geografia**, p. 63-68, 1998.

MENDONÇA, F. A. **Geografia e meio ambiente**. São Paulo: Contexto, 1993. (Coleção Repensando a Geografia).

MENDONÇA, F. A.; DIAS, M. A. **Meio ambiente e sustentabilidade**. Curitiba: Intersaberes, 2019.

METZGER, J. P. **O que é ecologia de paisagens?**. Campinas: Biota Neotropica, 2001.

MONTEIRO, C. A. **Geossistemas:** a história de uma procura. São Paulo: Contexto, 2000.

MORRONE, J. J. Austral biogeography and relict weevil taxa (Coleoptera: Nemonychidae, Belidae, Brentidae, and Caridae). **Journal of Comparative Biology**, p. 123-127, 1996.

MORRONE, J. J. Panbiogeografía, componentes bióticos y zonas de transición. **Rev. Bras. Entomol**, 2004.

MUELLER-DOMBOIS, D. **Aims and methods of vegetation ecology**. New York: J. Wiley, 1974.

MYERS, A.; GILLER, P. **Analytical biogeography.** An integrated approach to the study of animal and plant distributions. London & New York: Chapman & Hall, 1988.

NAVARRO, L. J.; GABERZ, P.; QUEIROZ, V. S. Uso de peixes como biomarcadores para monitoramento ambiental aquático. **Rev. Acad. Ciênc. Anim.**, 8(4): p. 469-484, 2010.

NELSON, G.; PLATNICK, N. Systematics and Biogeography: cladistics and vicariance. **Syst. Zool.**, 31:206-208, 1981.

NEVES, C. E.; MACHADO; HIRATA, C. A.; STIPP, N. A. A importância dos geossistemas na pesquisa geográfica: uma análise a partir da correlação com o ecossistema. **Soc. & Nat.**, p. 271-285, 2014.

NIHEI, S. S. Biogeografia cladística. *In*: CARVALHO, J. B. de; ALMEIDA, E. A. B. (Orgs). **Biogeografia da América do Sul:** padrões e processos. São Paulo: Roca, 2011, p. 99-12.

NUCCI, J. C. **Qualidade ambiental e adensamento urbano:** um estudo de ecologia e planejamento da paisagem aplicado ao distrito de Santa Cecília (MSP). 2. ed. Curitiba: O Autor, 2008.

ODUM, E. **Fundamentos de Ecologia.** São Paulo: Cengage Learning, 2007.

OVIEDO, A. F.; DOBLAS, J. **As florestas precisam das pessoas.** Brasília: Instituto Socioambiental, 2022.

PEREIRA, G.; CHÁVEZ, E. S.; SILVA, M. E. O estudo das unidades de paisagem do bioma Pantanal. **AmbiAgua**, p. 89-103, 2012.

PEREIRA, J.; ALMEIDA, J. Biogeografia e geomorfologia. *In*: GUERRA, A.; CUNHA, S. **Geomorfologia e meio.** Rio de Janeiro: Bertrand Brasil, 1996.

PIFFER, C.; CRUZ, P. M. Manifestações do direito transnacional e da transnacionalidade. *In*: PIFFER, C.; CRUZ, P. M.; BALDAN, G. R. **Transnacionalidade e sustentabilidade:** possibilidades em um mundo em transformação. Rondônia: Emeron, 2018.

PINTO, D. M.; SIlVA, F. D.; DINIZ, F. S. A Fitogeografia e a Fitossociologia enquanto subcampos da Geografia Física. **Geopauta**, p. 2594-5033, 2022.

PISO, G. **De medicina brasiliensi.** São Paulo: Imprensa Oficial do Estado de São Paulo, 1948.

PORTUGAL, G. **Recursos Naturais**, 1992.

PRESTES, R. M.; VINCENCI, K. L. Bioindicadores como avaliação de impacto ambiental. **Brazilian Journal of Animal and Environmental Research**, v. 2, n. 4, p. 1473-1493, 2019. Disponível em: http://brazilianjournals.com/index.php/BJAER/article/view/3258/3128. Acesso em 02 de abril de 2024.

RAYMOND, L.; BERNOR, F. K. Old world hipparion evolution, Biogeography, climatology and ecology. **Earth-Science Reviews**, 2021.

RIBEIRO, V. R.; GHILARDI, R. P. Paleobiogeografia: uma janela para desvendar os fósseis. **Revista Aprendendo Ciência**. Unesp, p. 26-30, 2020.

RIZEK, M. B.; LENTINI, M. W.; SALOMÃO, R. Vetores de pressão sobre os territórios indígenas da Amazônia brasileira: situação atual e perspectivas para a governança socioambiental destes territórios. **Imaflora**, p. 24, 2022. Disponível em: https://acervo.socioambiental.org/acervo/documentos/vetores-de-pressao-sobre-os-territorios-indigenas-da-amazonia-brasileira-situacao. Acesso em 02 de abril de 2024.

RIZZINI, C. T. **Tratado de Fitogeografia do Brasil**. São Paulo, Hucitec/Edusp, 1976. v. 1 – Aspectos ecológicos.

ROCHA, D. F.; ALMEIDA, L. Q. Riscos e vulnerabilidades na Geografia: breves considerações. **Revista GeoUECE** (Online), v. 8, n. 14, p. 165--189, 2019.

ROCHA, Y. T. Técnicas em estudos biogeográficos. **RAEGA – O Espaço Geográfico em Análise**, *[S.l.]*, p. 398-427, v. 23, 2011. Disponível em: https://revistas.ufpr.br/raega/article/view/24846. Acesso em: 8 nov. 2024.

RODAL, M. J.; SAMPAIO, E. V.; FIGUEIREDO, M. A. **Manual sobre métodos de estudo florístico e fitossociológico**. Brasília: Sociedade. Botânica do Brasil – SBB, 2017.

RODRIGUEZ, J. M. M.; SILVA, E. V. **Planejamento e gestão ambiental:** subsídios da geoecologia das paisagens e da teoria geossistêmica. Fortaleza: Ed. UFC, 2018.

# REFERÊNCIAS BIBLIOGRÁFICAS

RODRIGUEZ, J. M.; SILVA, E. V.; CAVALCANTI, A. P. **Geoecologia das paisagens** [livro eletrônico]: uma visão geossistêmica da análise ambiental. Fortaleza: Imprensa Universitária, 2022.

SANTOS, M. **A natureza do espaço.** São Paulo: EDUSP, 2006.

SANTOS, S. S.; MELO E SOUZA, R.; ARAÚJO, E. D. de. Cenários da distribuição potencial de mangues no litoral norte e nordeste brasileiro a partir da modelagem de distribuição potencial de espécies. **Revista OKARA:** Geografia em debate, João Pessoa, v. 9, n. 2, p. 313--324, 2015.

SILVA, E. V. Geoecologia da paisagem e Educação Ambiental aplicada: interações interdisciplinares na gestão territorial. **Revista Geonorte**, p. 175-184, 2012.

SILVA-JUNIOR, I. Fitogeografia urbana e sua inserção na análise de riscos de desastres ocasionados por fitocídio. **VII Seminário Internacional Dinâmica Territorial e Desenvolvimento Socioambiental**, Salvador, 26 e 28 de agosto de 2015.

SIQUEIRA, J. C. Os desafios de uma fitogeografia urbana. Pesquisas. **Botânica**, p. 229-238, 2005.

SOUZA, B. I.; SOUZA, R. S. Processo de ocupação dos Cariris Velhos/ PB e efeitos na cobertura vegetal: contribuição à Biogeografia Cultural do Semiárido. **Caderno de Geografia**, v. 6, número especial, 2016.

SOUZA, T. R.; LAMEU, T. S.; VARGAS, K. B. Floninha e sua turma: proposta de educação ambiental a partir do teatro de fantoches. **Revista Geografia, Literatura e Arte**, p. 36-49, 2020.

SOUZA ALVES, A. Estudos biogeográficos auxiliando na compreensão das relaçãoes entre mundança climática global e declínio das populações de anfíbios anuros. **Revista Geonorte**, 3(4), p. 175-183, 2012.

SVORC, R.; OLIVEIRA, R. R. Uma dimensão cultural da paisagem: história ambiental e os aspectos biogeográficos de um tabu. **GEOUSP** – espaço e tempo, p. 140-160, 2012. Acesso em 02 de abril de 2024.

UNESP. [S.d.]. Disponível em: http://www2.fct.unesp.br/docentes/geo/necio_turra/PESQUISA%20EM%20GEOGRAFIA/t%E9cnicas%20em%20geografia%20f%EDsica/Metodologias-da-Geogragia-F%EDsica-completo.pdf.

VANZOLINI, P. E. Paleoclimas e especiação em animais na América do Sul. . **Revista Estudos Avançados**, v. 6, n. 15, p. 41-65, 1992.

VARGAS, J. M. **Proyecto docente de zoogeografía**. Presentación para concurso de plaza de Catedrático. Málaga: Universidad de Málaga, 2002.

VEYRET, Y. **Os riscos:** o homem com agressor e vítima do meio ambiente. São Paulo: Contexto, 2007.

WORLD Conservation Monitoring Centre. **Mapa dos 17 países megadiversos do mundo.** Cambridge: WCMC, 2008.